国家计量技术法规统一宣贯教材

热式气体质量流量计、旋进旋涡流量计、热水水表、水表检定装置

全国流量容量计量技术委员会秘书处 组编
国家质量监督检验检疫总局计量司 审定

中国质检出版社
北 京

图书在版编目（CIP）数据

热式气体质量流量计、旋进旋涡流量计、热水水表、水表检定装置／全国流量容量计量技术委员会秘书处组编．—北京：中国质检出版社，2018.3
ISBN 978－7－5026－4225－9

Ⅰ.①热… Ⅱ.①全… Ⅲ.①气体－质量流量计②旋涡流量计③热水－水表－检定装置Ⅳ.①TH814

中国版本图书馆 CIP 数据核字（2015）第 243320 号

内 容 提 要

本教材是热式气体质量流量计检定规程和型评大纲、旋进旋涡流量计检定规程和型评大纲、热水水表检定规程和型评大纲、水表检定装置检定规程等 7 个检定规程和型评大纲的统一宣贯教材，由国家质量监督检验检疫总局计量司审定。本教材较全面系统地介绍了以上计量器具的结构、工作原理和计量检定方法、型式评价试验，以及相关的标准装置和测量结果不确定度分析等内容。

本教材可用于以上检定规程和型式评价大纲的宣贯、培训，并可为相关的计量检定机构、生产企业、使用及科研单位从事检定、维修及有关操作人员使用时提供帮助。

中国质检出版社出版发行
北京市朝阳区和平里西街甲 2 号（100029）
北京市西城区三里河北街 16 号（100045）
网址：www.spc.net.cn
总编室：(010)68533533　发行中心：(010)51780238
读者服务部：(010)68523946
中国标准出版社秦皇岛印刷厂印刷
各地新华书店经销
*
开本 880×1230　1/16　印张 10.75　字数 322 千字
2018 年 3 月第一版　2018 年 3 月第一次印刷
*
定价 **46.00** 元

如有印装差错　由本社发行中心调换

编审委员会

前　　言

本书是热式气体质量流量计、旋进旋涡流量计、热水水表、水表检定装置的统一宣贯教材，重点对以上计量检定规程和型评大纲进行详细的解读和说明，以利于读者更好地理解和执行。

本教材较全面系统地介绍了相关计量器具的结构、工作原理和计量检定方法、型式评价试验，以及相关的流量仪表、流量标准装置和流量测量不确定度分析等内容。为了帮助流量计量检定员正确地理解国家计量检定规程和型式评价大纲的内容，保证流量量值的准确和统一，也为了国家计量检定规程和型评大纲颁布实施后配合宣贯、培训工作，全国流量容量计量技术委员会秘书处组织编写了这本宣贯教材。本书可以作为广大计量检测机构、授权检测实验室，以及设计、生产、科研、高校等有关单位计量人员在使用新的检定规程和型评大纲时能正确理解条文和执行规定的参考资料，供各有关部门和单位宣贯时参考使用。

由于编写时间仓促，编者水平有限，书中难免有不完善与遗漏之处，恳请读者批评指正。

编写组

2017 年 9 月

目　　录

第一章　热式气体质量流量计

第一节　JJG 1132《热式气体质量流量计》编写说明

一、任务来源

根据2009年国家质量监督检验检疫总局下发的国质检量函〔2009〕393号文件和全国流量容量计量技术委员会关于国家计量检定规程（规范）制定、修订工作的通知，《热式气体质量流量计》国家计量检定规程列入2009—2010年国家计量检定规程制定计划。

JJG 1132—2017《热式气体质量流量计》由中国计量科学研究院、北京市计量检测科学研究院负责主起草。参加起草单位包括：中国测试技术研究院、北京七星华创电子股份有限公司、矽翔微机电系统（上海）有限公司、上海恩德斯豪斯自动化设备有限责任公司和华油集团重庆凯源石油天然气有限责任公司。

二、规程制定的必要性

热式气体质量流量计一直以来是依据JJG 897—1995《质量流量计》进行检定。该规程在热式气体质量流量计检定工作中发挥了积极的作用。由于该规程包括了科里奥利质量流量计、量热式流量计（热式气体质量流量计）、冲量式流量计以及其他形式的质量流量计的检定内容，使其通用性条款多，专门适用于热式气体质量流量计检定的条款少。

近年来，热式气体质量流量计制造技术发展快速、结构型式发生改变、技术指标得到提高。特别是热式气体质量流量计应用领域不断扩大，涉及电子、石油、化工、环保等行业。因此，对热式气体质量流量计检定技术要求也相应提高。JJG 897—1995《质量流量计》已不能适应热式气体质量流量计的检定需要，迫切需要单独对热式气体质量流量计制定检定规程。

根据不同的质量流量计工作原理差异和计量检定工作的实际需要，JJG 897—1995《质量流量计》被拆分为JJG 1038—2008《科里奥利质量流量计》和JJG 1132—2017《热式气体质量流量计》。

三、规程制定过程

规程的制定过程如下：

（1）2010年1月组成规程起草组并召开了起草组首次会议，就规程包含的内容、主要技术指标等问题进行了讨论，确定了规程起草的主导思想和起草原则，提出制定规程相应条款的原则办法，收集与流量计有关的国家标准、行业标准、技术规范、国际建议以及其他文献资料。

R137-1及中文翻译稿由北京市计量检测科学研究院提供，参编企业提供了企业标准。

（2）2010年2月—2010年6月，调研、试验工作，汇总技术材料，并进行了具体任务的分工，依据有关技术文件起草规程初稿。

（3）2010年7月，规程起草组根据首次会议要求，对初稿进行具体讨论，形成了征求意见稿。

（4）2010年10月，以电子邮件形式发出征求意见稿，征求各省检定技术机构、用户和有关制造企业等单位意见。在中国计量协会网站上公示了征求意见稿，广泛征求意见。

（5）2011年3月，在成都召开规程征求意见稿研讨会，来自制造企业、计量部门、使用单位的参会人员共56人。

（6）2011年10月，根据征求意见汇总、成都会议意见汇总，起草组研究后形成了规程报审稿。

（7）2012年2月，中国计量科学研究院流量室对报审稿进行初审。

（8）2012年11月，中国计量科学研究院热工所对报审稿进行审查。

（9）2014年5月，全国流量容量计量技术委员会对报审稿进行审定，根据会议审定意见要求修改后形成报批稿。

四、规程制定的主要技术依据及原则

1. 规程制定的主要技术依据

JJF 1002—2010　国家计量检定规程编写规则

JJF 1004—2004　流量计量名词术语及定义

GB 3836.1—2010　爆炸性环境　第1部分：设备　通用要求

GB 3836.2—2010　爆炸性环境　第2部分：由隔爆外壳“d”保护的设备

GB 3836.3—2010　爆炸性环境　第3部分：由增安型“e”保护的设备

GB 4208—2008　外壳防护等级（IP代码）

GB 50251—2003　输气管道工程设计规范

GB/T 20727—2006　封闭管道中流体流量的测量　热式质量流量计（IDT ISO 14511：2001）

GB/T 13609—2012　天然气取样导则

GB/T 13610—2014　天然气的组成分析　气相色谱法

GB/T 17747.2—2011　天然气压缩因子的计算　第2部分：用摩尔组成进行计算

OIML R137-1&2：2012　气体流量计　（Gas Meters）

ASME MFC-21.2—2010　热扩散式质量流量计

ASME MFC-21.1—2010　毛细管热式质量流量计

2. 规程制定的原则

起草小组遵循科学性、可操作性的原则。

五、规程制定要点说明

（1）按JJF 1002—2010《国家计量检定规程编写规则》的要求，确定规程结构。

（2）根据目前热式气体质量流量计技术状况，确定计量等级为0.5级、1.0级、1.5级、2.0级和2.5级。

（3）根据OIML R137（气体流量计），引入了“分界流量”概念，准确度等级按$q_t \leq q \leq q_{max}$和$q_{min} \leq q < q_t$流量范围分别给出，更加科学合理地检定和评价热式气体质量流量计。

（4）重复性由“不超过基本误差限的1/2”改为“不超过允许误差绝对值的1/3”减少了重复性对流量测量的影响。

（5）将“流量计的安装要求”由附录转移到正文，强调流量计安装的重要性。

（6）根据热式气体质量流量计的结构特点、技术指标，确定检定周期一般为2年。

（7）编写附录A“热式气体质量流量计的类型”、附录B“水的饱和蒸汽压”，使规程更有实用性。

（8）按JJF 1002—2010《国家计量检定规程编写规则》的要求，在附录C中给出了“检定证书/检定结果通知书内页格式”。

第二节　JJG 1132—2017《热式气体质量流量计》解读

> **1　范围**
>
> 本规程适用于热式气体质量流量计（以下简称流量计）的首次检定、后续检定和使用中检查。本规程亦适用于质量流量控制器的流量计检定。

解读：明确规定了本规程的适用范围。企业出厂检验可以参考本规程。需要注意首次检定、后续检定和使用中检查的项目不同。

2　引用文件

下列文件所包含的条文通过引用构成本规程的条文。

GB 3836　爆炸性环境

GB 4208　外壳防护等级（IP 代码）

GB/T 13609　天然气的取样导则

GB/T 13610　天然气的组成分析　气相色谱法

GB 17820　天然气

GB 50251　输气管道工程设计规范

凡是注日期的引用文件，仅注日期的版本适用于本规程；凡是不注日期的引用文件，其最新版本（包括所有的修改单）适用于本规程。

解读：注意引用文件的最新版本（包括所有的修改单）适用于本规程。

3　术语和计量单位

3.1　术语

本规程除引用 JJF 1004 的术语及定义外，还使用下列术语。

3.1.1　热式气体质量流量计　thermal mass gas flow meters

利用热传递原理测量质量流量的计量器具。

解读：注意是质量流量。

3.1.2　标况体积流量　normalized volumetric flowrate

20℃，101.325kPa 状况下的体积流量。

解读：GB/T 20727—2006 中规定的标准状态是 0℃、101.325kPa 状态下的体积流量。

目前国内绝大部分的气体流量标准装置是工况条件下的标准体积流量（钟罩式、皂膜式、活塞式气体流量标准装置等），须将标准装置的软件进行升级换算成标准状态下的体积流量才能进行热式气体质量流量计的检定；也可不进行软件升级，根据气体方程将检测结果进行换算，实现热式气体质量流量计的检定。

3.2　计量单位

3.2.1　流量单位

流量计可采用质量流量单位或体积流量单位。

流量计显示累积质量流量单位应是千克、克，符号：kg、g。

流量计显示瞬时质量流量单位可以是千克每小时、千克每分、克每秒等，符号：kg/h、kg/min、g/s。

流量计显示累积体积流量单位应是标况立方米、标况升、标况毫升，符号：m^3、L、mL。

流量计显示瞬时体积流量单位可以是标况立方米每小时、标况升每分、标况毫升每秒等，符号：m^3/h、L/ min、mL/s。

3.2.2　压力单位

流量计显示压力单位：帕（斯卡）、千帕、兆帕，符号 Pa、kPa、MPa。

3.2.3　温度单位

流量计显示温度单位：摄氏度，符号℃。

解读：流量计的单位应在其铭牌或者显示器上有明确清楚的表达。

4 概述

4.1 用途和工作原理

流量计用于气体流量的测量。

流量计工作原理是利用流动的气体与热源之间热量交换原理，在流量计内设置热源，根据气体流过热源时发生的热量变化，得到气体的质量流量。

解读：原理示意图可以参考附录，了解工作原理和数学模型有利于帮助理解其工作机理本质，特别是金氏定律能够理解后，就很容易理解不同气体介质对热式质量流量计的体积流量计量误差是不同的，有一个标定气体介质，例如用纯氮气标定，实际应用另外气体；如用氧气标定，中间需要一个换算系数，而且不同公司的产品的换算系数是不同的，需要查阅使用说明书。

4.2 构造

流量计主要由表体、加热器及温度传感器组成。根据加热方法及测温方式的不同，将流量计分成毛细管/热分流流量计（CTMF 流量计）、插入法流量计（ITMF 流量计）和微电子流量计（MEMS 流量计），详见附录 A。

解读：说明了流量计的构造和组成部件。按照工作原理不同分成 3 大类。

5 计量性能要求

5.1 准确度等级和最大允许误差

流量计在规定的流量范围内，准确度等级及对应的最大允许误差应符合表 1 的要求。

表 1 准确度等级和最大允许误差

准确度等级		0.5	1.0	1.5	2.0	2.5
最大允许误差	$q_t \leq q \leq q_{max}$	±0.5%	±1.0%	±1.5%	±2.0%	±2.5%
	$q_{min} \leq q < q_t$	±1.0%	±2.0%	±3.0%	±4.0%	±5.0%

注：分界流量 q_t 对应的流量一般为 $0.2q_{max}$（或者按照产品说明书）。如果范围度大于 50：1，则 q_t 对应的流量为 $0.1q_{max}$。

解读：规定的流量范围内，流量计准确度等级及对应的最大允许误差是相对示值误差。注意分界流量 q_t 对应的流量是依据流量计的量程比来决定的，分界流量 q_t 对应的流量一般为 $0.2q_{max}$。量程比大于 50：1 时，则 q_t 对应的流量为 $0.1q_{max}$，这来源于 OIML R137：2012 的规定，是和国际接轨的要求。

5.2 引用误差

测量瞬时流量的流量计可采用引用误差，采用引用误差时应给出相对流量上限的最大允许误差，相对流量上限的最大允许误差见表 2。

表 2 相对流量上限的最大允许误差

准确度等级	0.5	1.0	1.5	2.0	2.5
最大引用误差	±0.5% FS	±1.0% FS	±1.5% FS	±2.0% FS	±2.5% FS

解读：由于热式质量流量计原理和结构决定了小流量点误差较大，允许采用引用误差来表述，但是一般不能和相对示值误差混用。某些国家的流量计在大流量（高区）采用相对示值误差方式，小流量（低区）又采用引用误差来表述，容易误导用户。规程明确只能用一种方式表述误差，不能混用。

一般采用引用误差的热式质量流量计适合于工业现场对流量要求不高的场合，不适合于贸易结算场合。

5.3　重复性

流量计的重复性不得超过最大允许误差绝对值的 1/3。

解读：不管流量计采用相对示值误差方式还是采用引用误差方式，其重复性相应地不得超过最大允许误差绝对值的 1/3。相对示值误差方式其重复性相应地不得超过最大允许示值误差绝对值的 1/3；采用引用误差方式，其重复性相应地不得超过最大引用误差绝对值的 1/3。

6　通用技术要求

6.1　随机文件

流量计应有使用说明书。

解读：使用说明书中应注明流量计可适用的测量介质，并说明流量计在测量不同气体时系数换算方法及确定方法。若流量计带有气体自适应功能不需要进行人工设置，也需要在说明书中注明。

6.2　外观

6.2.1　流量计应有铭牌。铭牌一般应注明名称、型号/规格、制造单位、出厂编号、测量气体、最大工作压力、工作温度范围、流量范围、分界流量、准确度等级或引用误差、制造计量器具许可证标志和编号、制造日期、防爆标志（仅适用易燃易爆场合）。

解读：流量计检定时，如外观不符合要求，该流量计判为不合格。

2017 年 12 月 27 日签署的中华人民共和国主席令第八十六号对《计量法》进行了修改，取消了制造计量器具许可证。

6.2.2　流量计表体应有永久性、明显的流向标识。

解读：一般是在表体上有永不磨损的刻印的箭头标识。如果是双向流也需要明示，并且两个方向都要检定。

6.2.3　流量计不得有裂纹、锈蚀、霉斑和涂层剥落现象。

6.2.4　流量计显示的数字应醒目、整齐，表示功能的文字符号和标识应完整、清晰、端正。

6.2.5　流量计按键应手感适中，没有粘连现象。

解读：如果不符合外观要求，有的会直接影响计量性能。

6.2.6　流量计显示数字的防护材料应有良好的透明度。

解读：对数字显示器的要求。

6.3　密封性

流量计表体应不泄漏。

解读：区别耐压试验。

7　计量器具控制

本规程适用的计量器具控制包括首次检定、后续检定和使用中检查。

7.1　检定条件

7.1.1　检定用气体流量标准装置（以下简称标准装置）

检定用标准装置有皂膜标准装置（主要由皂膜管和配套仪表组成）、标准表法标准装置、钟罩式标准装置和活塞式标准装置。标准装置应有有效的检定或校准证书。标准装置的扩展不确定度（$k=2$）应不大于流量计最大允许误差绝对值的1/3。

解读：目前国内绝大部分的气体流量标准装置是工况条件下的标准体积流量（钟罩式、皂膜式、活塞式气体流量标准装置等），须将标准装置的软件进行升级换算成标准状态下的体积流量才能进行热式气体质量流量计的检定；也可不进行软件升级，根据气体方程将检测结果进行换算，实现热式气体质量流量计的检定。

7.1.2　配套仪表

配套仪表如表3所示。

表3　配套仪表

序号	仪表名称	技术要求	用途
1	温度仪表	±0.2℃	测量标准器处、流量计处气体温度
2	压力仪表	0.1级	测量标准器处、流量计处气体压力
3	大气压力仪表	±0.7hPa	测量大气压力
4	湿度计	±10%	测量气体相对湿度
5	计时器	±10ms	测量检定时间
6	计数器（适用于检定脉冲输出流量计）	±1	累计流量计输出脉冲
7	数字电流表（适用于检定电流输出流量计）	±1μA	测量流量计输出电流

配套仪表应有有效的检定证书或校准证书。

解读：对装置的配套仪表要求。注意要满足相应的技术要求。

7.1.3　检定气体

检定气体应无游离水或油等杂质存在，且组分或性状与实际测量介质相近。

准确度等级不低于1.0级的流量计，在每个流量点的每次检定过程中，气体的温度变化应不超过±0.5℃。在每个流量点的检定过程中，压力波动应不超过±0.5%。准确度等级不高于1.5级的流量计，在每个流量点的每次检定过程中，气体的温度变化应不超过±1℃。

气体为天然气时，天然气气质至少应符合GB 17820的要求，天然气的相对密度应为0.55~0.80。检定过程中，天然气的组分应相对稳定，天然气取样应按GB/T 13609执行，天然气组成分析应按GB/T 13610执行。

解读：不同的流量计等级，在每个流量点的每次检定过程中，气体的温度变化要求是不同的。主要是保证检定不受气体温度变化的影响。

遇到有毒有害或易燃易爆气体介质，注意安全第一！检定用气体，可依据产品使用说明书，型式评价报告或者不同气体验证检测报告来采用其他替代气体，如空气、氮气等。

7.1.4　检定要求

7.1.4.1　环境温度应为5℃~40℃；环境相对湿度应≤93%；大气压力一般为86kPa~106kPa。

解读：常温常压下进行检定，注意气体状态转换。

7.1.4.2　交流电源电压应为（220±22）V，电源频率应为（50±2.5）Hz。也可根据流量计的要求，使用合适的交流或直流电源。

7.1.4.3　如果检定气体是天然气等可燃性或爆炸性流体时，标准装置、配套仪表和检定现场都应满足 GB 3836 和 GB 50251 的要求。

解读：如果采用可燃性或爆炸性气体检定时，注意安全第一。可依据产品使用说明书；型式评价报告或者不同气体验证检测报告来采用其他替代气体，建议采用空气或氮气检定。

7.1.5　流量计安装

7.1.5.1　流量计安装时，流量计的流向标识应与介质流向一致，流量计轴线应与标准装置检定管道轴线一致。流量计安装位置应满足使用说明书中前后直管段的要求，插入式流量计安装应按使用说明书要求的插入深度安装。

解读：严格按照说明书要求的安装方式，确保检定数据可靠。

7.1.5.2　流量计与标准装置管道连接部分应没有渗漏，连接处的密封垫应不凸入到管道内。

解读：保证在不泄漏、密封垫不凸入管道内的状态下进行检定。

7.1.6　测量时间

每次测量时间应不少于标准装置允许的最短测量时间。

解读：保证每次测量时间应不少于标准装置允许的最短测量时间。应避免因时间不够影响测量结果不确定度。

7.1.7　标准装置累积脉冲数

检定脉冲输出的流量计，一次检定中标准装置累积脉冲数应不少于流量计最大允许误差绝对值倒数的 10 倍。

解读：脉冲检定方式时，保证累计的脉冲总量所引入的不确定度分量不会影响测量结果不确定度。就是读数误差要小于被检表误差的 1/10。

7.2　检定项目和检定方法

7.2.1　检定项目

首次检定、后续检定和使用中检查的项目见表 4。

表 4　检定项目一览表

检定项目	首次检定	后续检定	使用中检查
随机文件和外观	+	+	+
密封性	+	+	+
相对示值误差或引用误差	+	+	+
重复性	+	+	+
注：“+”表示需检定、检查。			

解读：检定和检查中全部项目都要求做。

7.2.2　随机文件和外观检查

必要时检查随机文件，应符合 6.1 的要求。用目测方法检查流量计外观，应符合 6.2 的要求。

7.2.3 密封性检查

按7.1.5和流量计使用说明书要求，安装流量计到标准装置上，在零流量状态下，观察压力测量仪表示值不变。

7.2.4 示值误差或引用误差检定

7.2.4.1 检定流量点及每个流量点检定次数

检定流量点至少应包含q_{max}、$0.5q_{max}$、q_t和q_{min}。准确度等级为0.5级，且流量范围度大于20∶1的流量计，应增加$0.15q_{max}$。除q_{min}、q_{max}和q_t应分别控制在$(1\sim1.1)q_{min}$、$(1\sim1.1)q_t$和$(0.9\sim1)q_{max}$外，其他流量点均应在设定流量的±5%内。每个流量点的检定次数应不少于3次。

解读：注意准确度等级不低于0.5级，且流量范围度大于20∶1的流量计，检定点应增加$0.15q_{max}$。q_{min}、q_{max}和q_t应分别控制在$(1\sim1.1)q_{min}$、$(1\sim1.1)q_t$和$(0.9\sim1)q_{max}$，主要考虑避免争议。

7.2.4.2 检定方法

连接流量计信号输出端子至计数器（或数字电流表）输入端子。接通计时器、计数器（或数字电流表）和流量计电源，按流量计使用说明书中的方法检查流量计参数设置。将标准装置流量调到$0.7q_{max}\sim q_{max}$，至少流通5min，直至气体温度、压力和流量稳定。

解读：检定前要预运行，使流量计处于工作状态。

下面分别以皂膜式气体流量标准装置和标准表法气体流量标准装置检定流量计程序为例说明。

a）皂膜标准装置检定流量计

皂膜标准装置检定流量计示意图，如图1所示。

按检定流量点和一次检定时间选择皂膜管容积。

调节流量到第一个检定流量点，运行至介质状态稳定。挤压胶球，皂液形成皂膜，进气压力推动皂膜匀速上升，试运行数次。

计时器、计数器（或数字电流表）清零。

挤压胶球成膜，当皂膜升到下刻线时，同时启动计时器及计数器（或数字电流表）。

当皂膜升到上刻线时，同时停止计时器及计数器（或数字电流表）。

记录计时器测量时间、流过皂膜管的气体累积流量、温度、压力、计数器累计流量计输出的脉冲数（或数字电流表测量流量计输出的电流值）。完成第一个流量点的一次检定。

重复以上过程至少2次。完成第一个流量点的检定。

按检定流量点调节流量，重复下一流量点的检定。

重复以上过程，完成所有流量点的检定。

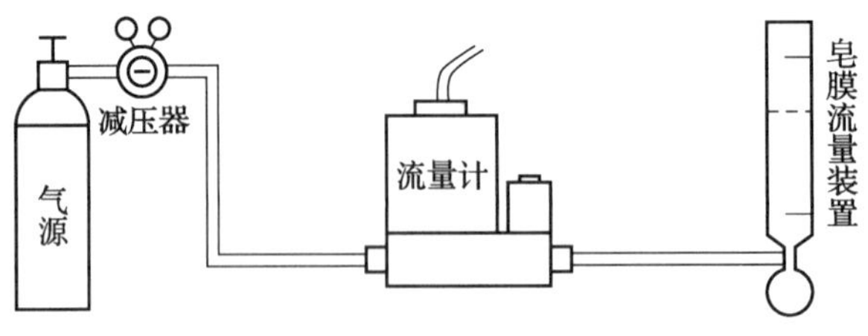

图1 皂膜标准装置检定流量计示意图

解读：常用的皂膜式流量标准装置检定过程。针对具体被检表的流量大小来选取与其匹配的流量装置。如果流量较大时，注意检定气体介质的温度测量和控制。气体从高压变常压，依据气态方程，温度会大幅降低。

特别注意被检表的显示状态和气体介质，标准装置的气体状态和被检表的显示状态要统一，才可进行比较。

b）标准表法标准装置检定流量计

调节流量到检定流量点，运行至气体状态稳定。

计时器、计数器（或数字电流表）清零。

同时启动标准装置和计数器（或数字电流表）进行测量，按标准装置操作规范运行一段时间后，同时停止标准装置和计数器（或数字电流表）测量。

记录计时器测量时间、流过标准装置的气体累积流量、温度、压力、计数器累计流量计输出的脉冲数（或数字电流表测量流量计输出的电流值）。完成第一个检定流量点的一次误差检定。

重复以上过程至少2次。完成第一个流量点的检定。

按检定流量点调节流量，重复下一流量点的检定。

重复以上过程，完成所有流量点的检定。

解读：标准表装置的流量要和被检表的流量相匹配。注意检定气体介质的温度变化。

7.2.5 数据处理

7.2.5.1 流量计相对示值误差计算

第 i 流量点第 j 次检定流量计的相对示值误差按式（1）计算。

$$E_{ij}=\frac{Q_{ij}-(Q_s)_{ij}}{(Q_s)_{ij}}\times 100\% \text{ 或 } E_{ij}=\frac{q_{ij}-(q_s)_{ij}}{(q_s)_{ij}}\times 100\% \tag{1}$$

式中：

E_{ij}——第 i 流量点第 j 次检定流量计的相对示值误差；

Q_{ij}——第 i 流量点第 j 次检定流量计累积流量；

$(Q_s)_{ij}$——第 i 流量点第 j 次检定标准装置累积流量；

q_{ij}——第 i 流量点第 j 次检定流量计瞬时流量；

$(q_s)_{ij}$——第 i 流量点第 j 次检定标准装置的瞬时流量。

皂膜标准装置检定流量计 $(Q_s)_{ij}$ 按式（2）计算。

$$(Q_s)_{ij}=V\cdot\frac{T_0}{p_0}\cdot\frac{(p-\varphi p_d)}{T} \tag{2}$$

式中：

V——第 i 流量点第 j 次检定标准装置显示的气体累积体积流量；

T_0——标况的温度，293.15K；

p_0——标况的压力，101 325Pa；

p——第 i 流量点第 j 次检定标准装置处气体的绝对压力，Pa；

p_d——第 i 流量点第 j 次检定标准装置状况下检定气体的饱和蒸汽压，Pa；

φ——第 i 流量点第 j 次检定气体相对湿度；

T——第 i 流量点第 j 次检定标准装置处气体的温度，K。

标准表法标准装置检定流量计 $(Q_s)_{ij}$ 按式（3）计算。

$$(Q_s)_{ij}=V\cdot\frac{T_0}{p_0}\cdot\frac{p}{T} \tag{3}$$

$(q_s)_{ij}$ 按式（4）计算。

$$(q_s)_{ij}=\frac{(Q_s)_{ij}}{t_{ij}} \tag{4}$$

式中：

t_{ij}——第 i 流量点第 j 次检定时间。

第 i 流量点流量计的相对示值误差按式（5）计算。

$$E_i = \frac{\sum_{j=1}^{n} E_{ij}}{n} \tag{5}$$

式中：

E_{ij}——第 i 流量点流量计的示值误差，%；

n——第 i 流量点的检定次数。

流量计的相对示值误差确定：

分别取 $q_t \leqslant q \leqslant q_{max}$ 和 $q_{min} \leqslant q < q_t$ 内各流量点相对示值误差绝对值的最大值。

流量计的相对示值误差计算结果应符合 5.1 要求。

解读：相对示值误差计算过程。可以采用累积流量比较，也可以采用瞬时流量比较。但是采用瞬时流量方式时，要多读取数据取平均值。

一般高准确度等级的被检流量计都采用脉冲输出检定方式，检测系统采用自动采样检测方法来保证测量结果不确定度。

7.2.5.2　流量计引用误差计算

第 i 流量点第 j 次检定流量计的引用误差按式（6）计算。

$$E_{ij} = \frac{q_{ij} - (q_s)_{ij}}{q_{max}} \times 100\% \tag{6}$$

式中：

q_{max}——流量计流量范围上限。

第 i 流量点流量计的引用误差按式（5）计算。

流量计的引用误差取流量点中引用误差绝对值的最大值。

解读：引用误差计算，分母一直是流量范围上限。

7.2.5.3　流量计重复性计算

按式（7）、式（8）计算流量计重复性。

$$(E_r)_i = \left[\frac{1}{(n-1)}\sum_{j=1}^{n}(E_{ij} - E_i)^2\right]^{\frac{1}{2}} \tag{7}$$

式中：

$(E_r)_i$——第 i 流量点 n 次检定流量计重复性，%。

$$E_r = [(E_r)_i]_{max} \tag{8}$$

式中：

E_r——流量计重复性，%；

$[(E_r)_i]_{max}$——对给出准确度等级的流量计分别取 $q_t \leqslant q \leqslant q_{max}$ 和 $q_{min} \leqslant q < q_t$ 内各流量点重复性最大值；对给出引用误差的流量计取流量点中重复性最大值。

流量计重复性计算结果应符合 5.3 的要求。

解读：重复性的计算过程。给出准确度等级的流量计有两个重复性值；给出引用误差的流量计有一个重复性值。

7.3　检定结果处理

经检定合格的流量计发给检定证书。经检定不合格的流量计发给检定结果通知书，并注明不合格项目。

解读：检定证书格式请参考规程的附录 C。

7.4　检定周期

流量计的检定周期一般不超过 2 年。

解读：检定周期最长是 2 年。

附录 A

热式气体质量流量计的类型

A.1　毛细管/热分流热式气体质量流量计（CTMF 流量计）

基本型毛细管热式气体质量流量计，热源及温度传感器安装在表体内与之构成一个整体。流经表体的一部分规定量的气体流入（旁通）温度传感器，由此测出气体流量。

图 A.1 所示为基本型毛细管热式气体质量流量计。加热器可以和气流上游温度传感器、气流下游温度传感器组合在一起，加热器可以是单独设置在两个温度传感器中间，由一个恒定电源提供热量。也可以是两个自加热温度传感器。当气体静止时，两个温度传感器测得的温度相同，当气体流动时，两个温度传感器之间的温差与气体质量流量成正比，温差信号由桥路测量，经放大器处理，输出流量信号。

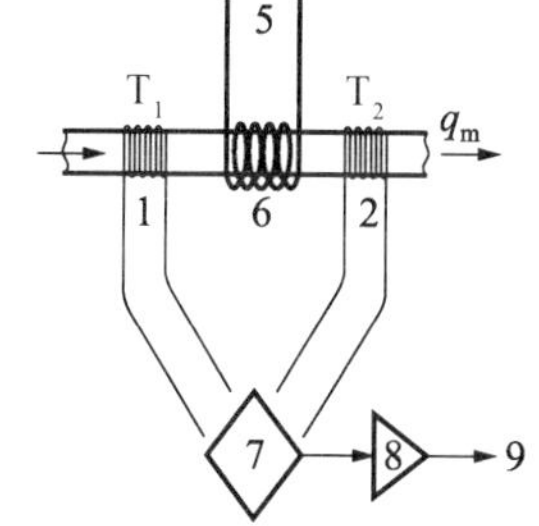

a) 两个温度传感器和单独的加热器

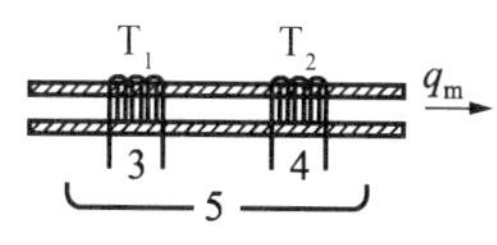

b) 两个自加热的温度传感器

图 A.1　基本型毛细管热式气体质量流量计

1—上游温度传感器 T_1；2—下游温度传感器 T_2；3—上游温度传感器 T_1（带加热器）；4—下游温度传感器 T_2（带加热器）；5—恒定电源 P；6—加热器；7—桥路；8—放大器；9—流量信号输出（通常为 0V～5V DC 或 4mA～20mA）

基本型毛细管热式气体质量流量计在大流量下传导的热量过多，只适合于小流量测量。因此，毛细管热式气体质量流量计典型结构是由基本型和层流元件组成。

图 A.2 所示是一个典型的毛细管热式气体质量流量计结构型式，层流元件设置在主管道中产生小压降，毛细管的两端分别与层流元件的入口和出口相连，产生一个较小的分流通过毛细管，确保总的气流中有固定比率的气流流过毛细管，加热器和温度传感器在毛细管上而不是主管道上。

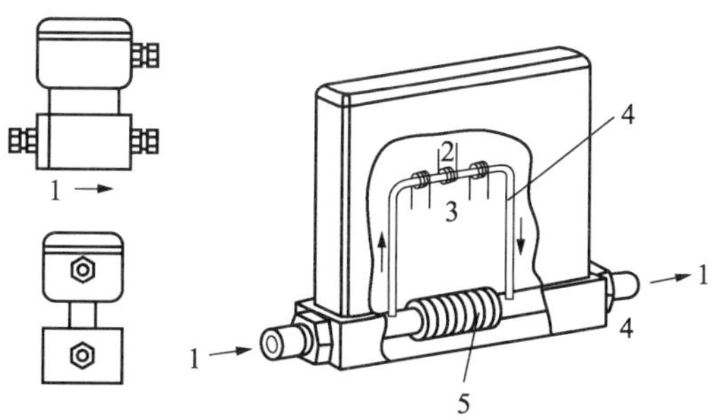

图 A.2　典型的毛细管热式气体质量流量计

1—流动方向；2—加热器；3—温度传感器；4—旁通回路；5—层流元件

A.2　插入法热式气体质量流量计（ITMF 流量计）

图 A.3 所示是典型的插入法热式气体质量流量计，有两个温度传感器，一定量的加热功率施加至其中一个温度传感器上，使其温度升高至被测值（T_2）。另一个温度传感器测量气体温度（T_1），根据温差和加热功率确定气体的质量流量。

加热功率、温差和质量流量之间的关系称为金氏定律，用式（A.1）表示：

$$\frac{P}{\Delta T} = K_1 + K_2 \times (q_m)^{K_3} \tag{A.1}$$

式中：

K_1，K_2——插入法流量计系数，取决于温度传感器几何尺寸、气体热导率、黏度和比热容；

K_3——插入法流量计系数，与雷诺数有关；

ΔT——温差（$\Delta T = T_2 - T_1$），K；

P——加热功率，W；

q_m——质量流量，kg/s。

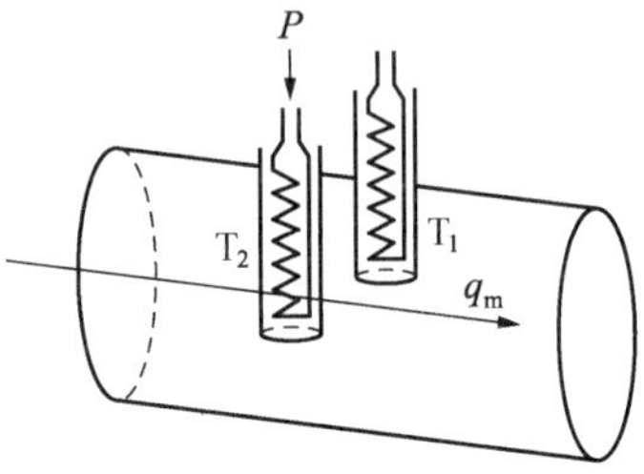

图 A.3 典型的插入法流量计传感器结构

在实际应用中，插入法热式气体质量流量计有恒功率法、恒温差法。

A.2.1 恒功率法

测量温差时，保持加热功率恒定，见图 A.4。式（A.1）简化为式（A.2）。

$$\Delta T = K_4 + K_5 \times (q_m)^{K_6} \tag{A.2}$$

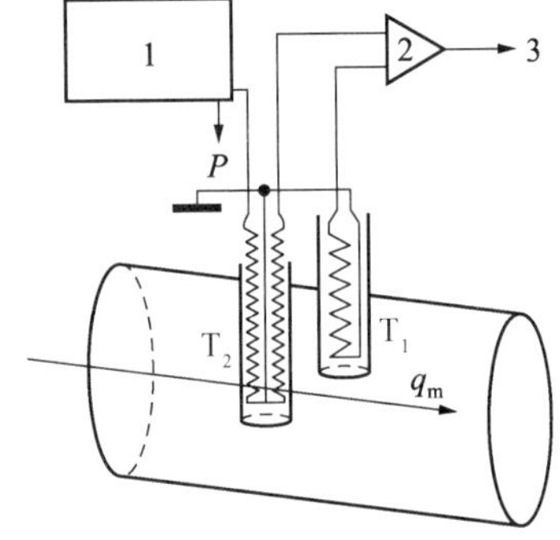

图 A.4 恒功率法简图

1—恒功率电源；2—放大器；3—质量流量信号输出

式中：

K_4，K_5，K_6——恒功率法流量计系数。

A.2.2 恒温差法

加热功率变化时，通过桥路保持加热的温度传感器与测量气体温度的温度传感器之间的温差保持恒定，见图 A.5。式（A.1）简化为式（A.3）。

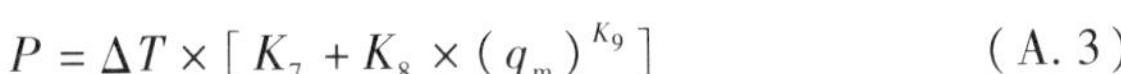

$$P = \Delta T \times [K_7 + K_8 \times (q_m)^{K_9}] \tag{A.3}$$

式中：

K_7，K_8，K_9——恒温差法流量计系数。

A.3 微电子热式气体质量流量计（MEMS 流量计）

典型的微电子热式气体质量流量计由表体和 MEMS 流量芯片（加热器及温度传感器）组成，MEMS 流量芯片安装在表体内与之构成一个整体。MEMS 流量芯片的安装方式有插入和旁通两种形式。

MEMS 流量芯片由一个加热器，三个温度传感器构成。加热器设置在气流上游的温度传感器与气流下游的温度传感器中间，加热器和气流上、下游温度传感器置于一个空腔之上，使之具有良好的隔热性，功耗小。另一个温度传感器置于 MEMS 流量芯片基体上，测量环境温度，用于控制加热器，减少温度传感器的温度效应。图 A.6 为典型的 MEMS 流量芯片示意图。

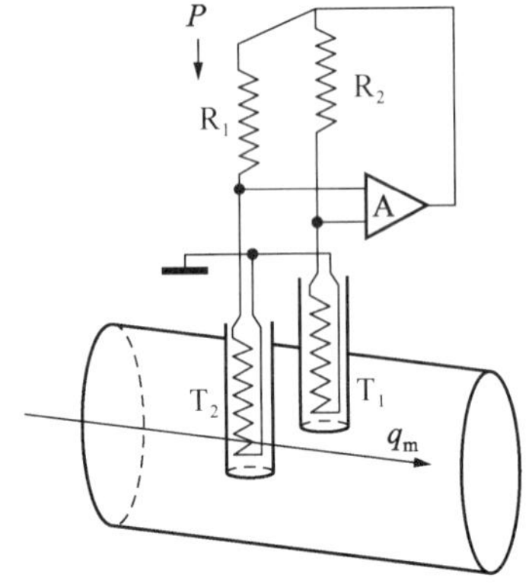

图 A.5 恒温差法简图

R_1—电阻 1；R_2—电阻 2；A—放大器

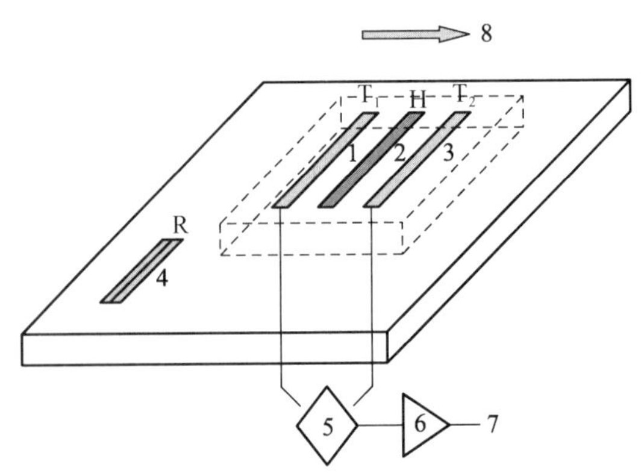

图 A.6 典型的 MEMS 流量芯片示意图

1—气流上游温度传感器；2—加热器；3—气流下游温度传感器；4—环境温度传感器；5—桥路；6—放大器；7—信号输出；8—气体流动方向

附录 B　水的饱和蒸汽压

水的饱和蒸汽压

T/℃	p/Pa	T/℃	p/Pa
1	657.27	21	2 486.42
2	705.26	22	2 646.40
3	758.59	23	2 809.05
4	813.25	24	2 983.70
5	871.91	25	3 167.68
6	934.57	26	3 361.00
7	1 001.23	27	3 564.98
8	1 073.23	28	3 779.62
9	1 147.89	29	4 004.93
10	1 227.88	30	4 242.24
11	1 311.87	31	4 492.88
12	1 402.53	32	4 754.19
13	1 497.18	33	5 050.16
14	1 598.51	34	5 319.47
15	1 705.16	35	5 623.44
16	1 817.15	36	5 940.74
17	1 937.14	37	6 275.37
18	2 063.79	38	6 619.34
19	2 197.11	39	6 991.30
20	2 338.43	40	7 375.26

附录 C　检定证书/检定结果通知书内页信息与格式

C.1　检定证书内页格式式样

<table>
<tr><td colspan="6">证书编号××××××× - ××××</td></tr>
<tr><td colspan="6">检定机构授权说明</td></tr>
<tr><td colspan="6">检定环境条件及地点：</td></tr>
<tr><td>温　　度</td><td>℃</td><td>地　　点</td><td colspan="3"></td></tr>
<tr><td>相对湿度</td><td>%</td><td>大气压力</td><td>kPa</td><td>检定介质</td><td></td></tr>
<tr><td colspan="6">检定使用的标准器</td></tr>
<tr><td>名　　称</td><td>测量范围</td><td>不确定度/准确度等级/最大允许误差</td><td colspan="2">计量标准证书编号</td><td>有效期至</td></tr>
<tr><td></td><td></td><td></td><td colspan="2"></td><td></td></tr>
<tr><td></td><td></td><td></td><td colspan="2"></td><td></td></tr>
<tr><td>检定依据规程</td><td colspan="5">JJG 1132—2017</td></tr>
</table>

C.2 被检项目及检定结果

<table>
<tr><td>序号</td><td>检定项目</td><td colspan="2">检 定 结 果</td></tr>
<tr><td>1</td><td>随机文件</td><td colspan="2"></td></tr>
<tr><td>2</td><td>外观</td><td colspan="2"></td></tr>
<tr><td>3</td><td>密封性</td><td colspan="2"></td></tr>
<tr><td rowspan="3">4</td><td rowspan="2">相对示值误差、重复性</td><td>（$q_{min} \leqslant q < q_t$）</td><td>（$q_t \leqslant q \leqslant q_{max}$）</td></tr>
<tr><td>相对示值误差：
重复性：</td><td>相对示值误差：
重复性：</td></tr>
<tr><td>引用误差、重复性
（适用时）</td><td colspan="2">引用误差：　　　（FS）
重复性：</td></tr>
<tr><td colspan="4">检定结论（准确度等级）：</td></tr>
</table>

C.3 检定结果通知书（内页）格式参照以上内容，并给出不合格项，检定结论为不合格。

第三节 JJF 1623《热式气体质量流量计型式评价大纲》编写说明

一、任务来源

根据2009年国家质量监督检验检疫总局下发的国质检量函〔2009〕393号文件和全国流量容量计量技术委员会关于国家计量检定规程（规范）制定、修订工作的通知，《热式气体质量流量计型式评价大纲》列入2009—2010年国家计量检定规范制定计划。

JJF 1623—2017《热式气体质量流量计型式评价大纲》由中国计量科学研究院、上海工业自动化仪表研究所负责主起草。参加起草单位包括：北京市计量检测科学研究院、中国测试技术研究院、北京七星华创电子股份有限公司、上海恩德斯豪斯自动化设备有限责任公司和北京鹰鹭一统科技有限责任公司。

二、大纲制定的必要性

近年来，热式气体质量流量计制造技术发展快速，结构型式发生改变、技术指标得到提高。特别是热式气体质量流量计应用领域不断扩大，应用于电子、石油、化工、环保等行业。对热式气体质量流量计型式评价工作的要求不断提高，因此，迫切需要制定统一的热式气体质量流量计的型式评价大纲。

三、大纲制定过程

大纲制定过程如下：

（1）2010年1月组成大纲起草组，并召开了首次起草组会议，就大纲包含的内容、主要技术指标等问题进行了讨论，确定了大纲起草的主导思想和起草原则，提出制订大纲相应条款的原则办法，收集包括与流量计有关的国家标准、行业标准、技术规范及其他文献资料。

参编企业提供了企业标准。

（2）2010年2月至2010年6月，调研、试验工作，汇总技术材料，并进行了具体任务的分工，依据技术文件起草大纲初稿。

（3）2010年7月，大纲起草人根据首次会议要求，对初稿进行讨论，形成了征求意见稿。

（4）2010年10月，以电子邮件形式发出征求意见稿，征求各省检定技术机构和有关制造企业等单位意见。在中国计量协会网站上公示征求意见稿，广泛地征求意见。

（5）2011 年 3 月，在成都召开大纲征求意见稿研讨会，参会人员（有 56 人）来自于制造企业、计量部门、使用单位。

（6）2011 年 10 月，形成大纲报审稿。

（7）2012 年 2 月，中国计量科学研究院流量室对报审稿进行审查。

（8）2012 年 11 月，中国计量科学研究院热工所对报审稿进行审查。

（9）2014 年 4 月，全国流量容量计量技术委员会对报审稿进行审定。

四、大纲制定的主要技术依据及原则

1. 大纲制定的主要技术依据：

JJF 1015—2014　计量器具型式评价通用规范

JJF 1016—2014　计量器具型式评价大纲编写导则

JJG 1132—2017　热式气体质量流量计

GB/T 2423.1　电工电子产品环境试验　第 2 部分：试验方法　试验 A：低温

GB/T 2423.2　电工电子产品环境试验　第 2 部分：试验方法　试验 B：高温

GB/T 2423.3　电工电子产品环境试验　第 2 部分：试验方法　试验 Cab：恒定湿热试验方法

GB/T 2423.10　电工电子产品环境试验　第 2 部分：试验方法　试验 Fc：振动（正弦）

GB/T 17626.2　电磁兼容　试验和测量技术　静电放电抗扰度试验

GB/T 17626.4　电磁兼容　试验和测量技术　电快速瞬变脉冲群抗扰度试验

GB/T 17626.5　电磁兼容　试验和测量技术　浪涌（冲击）抗扰度试验

GB/T 17626.11　电磁兼容　试验和测量技术　电压暂降、短时中断和电压变化的抗扰度试验

2. 大纲制定的原则

起草小组遵循科学性、可操作性的原则。

五、大纲制定要点说明

（1）按 JJF 1016—2014《计量器具型式评价大纲编写导则》的要求，确定大纲结构。

（2）根据 JJF 1015—2014《计量器具型式评价通用规范》和目前热式气体质量流量计技术状况，确定了法制管理要求、随机文件、外观、密封性、计量性能、耐压强度、绝缘电阻、绝缘强度、防爆性能、防护性能、贮存环境、电磁兼容、计量性能复测的评价项目。

（3）给出附录 A“热式气体质量流量计型式评价原始记录内容（参考）”，使大纲更有实用性。

第四节　JJF 1623—2017《热式气体质量流量计型式评价大纲》解读

1　范围

本型式评价大纲适用于分类编码为 12183500 的热式气体质量流量计（以下简称流量计）的型式评价。

解读：明确本大纲的适用范围。热式气体质量流量计属于依法管理的计量器具，根据 JJF 1051—2009 的要求质量流量计的分类编码为 12183500。

2　引用文件

本规范引用了下列文件：

JJG 1132—2017　热式气体质量流量计

GB/T 2423.1　电工电子产品环境试验　第 2 部分：试验方法　试验 A：低温

GB/T 2423.2　电工电子产品环境试验　第 2 部分：试验方法　试验 B：高温

GB/T 2423.3　电工电子产品环境试验　第 2 部分：试验方法　试验 Cab：恒定湿热试验

GB/T 2423.10 电工电子产品环境试验 第2部分：试验方法 试验Fc：振动（正弦）

GB 4208 外壳防护等级（IP代码）

GB/T 15479 工业自动化仪表绝缘电阻、绝缘强度技术要求和试验方法

GB/T 17626.2 电磁兼容 试验和测量技术 静电放电抗扰度试验

GB/T 17626.3 电磁兼容 试验和测量技术 射频电磁场辐射抗扰度试验

GB/T 17626.4 电磁兼容 试验和测量技术 电快速瞬变脉冲群抗扰度试验

GB/T 17626.5 电磁兼容 试验和测量技术 浪涌（冲击）抗扰度试验

GB/T 17626.11 电磁兼容 试验和测量技术 电压暂降、短时中断和电压变化的抗扰度试验

凡是注日期的引用文件，仅注日期的版本适用于本规范；凡是不注日期的引用文件，其最新版本（包括所有的修改单）适用于本规范。

解读：所引用的规程和标准，是本大纲中各项试验项目的技术依据。应注意引用文件的版本更新。

3 术语

本规范除引用JJF 1004中的术语及定义外，还采用下列术语。

3.1 热式气体质量流量计 thermal mass gas flow meters

利用热传递原理测量质量流量的计量器具。

3.2 标况体积流量 normalized volumetric flowrate

20℃、101.325kPa状态下的体积流量。

解读：质量流量计测量原理是得到质量流量，在测量气体时常以标况体积流量表示。在用气体流量标准装置确定其计量性能时，如果气体流量标准装置给出的是体积流量，则均应换算到标况体积流量进行比较。本大纲规定的标准状态与GB/T 20727—2006规定的不同，GB/T 20727—2006中规定标准状态是0℃、101.325kPa状况下。

4 概述

4.1 用途

流量计用于空气、燃气等各种气体流量的测量。

4.2 工作原理

流量计工作原理是利用流动的气体与热源之间热量交换原理，在流量计内设置热源，根据气体流过热源时发生的温度变化，得到气体的质量流量。

4.3 构造

流量计主要由表体、加热器及温度传感器组成。根据加热方法及测温方式的不同，将流量计分成毛细管/热分流流量计（CTMF流量计）、浸入式流量计（ITMF流量计）和微电子流量计（MEMS流量计）。

解读：热式气体质量流量计多用于各工业场所氧、氢、氨、燃气、烟道气等测量。CTMF流量计用于小口径、小流量测量场所；ITMF流量计用于中大口径测量；MEMS流量计是近年来随着微电子技术而发展起来的，可用于中大口径测量。

5 法制管理要求

5.1 计量单位

5.1.1 流量单位

质量流量单位或体积流量单位。

流量计显示累积质量流量：千克、克，符号kg、g。

流量计显示瞬时质量流量：千克每小时、千克每分、克每秒等，符号kg/h、kg/min、g/s。

流量计显示累积体积流量单位应是标况立方米、标况升、标况毫升，符号：m^3、L、mL。

流量计显示瞬时体积流量单位可以是标况立方米每小时、标况升每分、标况毫升每秒等，符号：m^3/h、L/min、mL/s。

解读：质量流量计测量的是质量流量，在实际应用中，习惯上也常用标况体积流量表示。

5.1.2　压力单位

压力：帕（斯卡）、千帕、兆帕，符号 Pa、kPa、MPa。

5.1.3　温度单位

温度：摄氏度，符号℃。

5.2　外部结构设计

不允许使用者自行调整的流量计，应采用封闭式结构设计或者留有加盖封印的位置。凡能影响准确度的任何人为机械干扰，都将在流量计或防护标记上产生永久性的有形损坏痕迹。

解读：为了保证流量计的计量性能、安全性能等与型式批准产品的一致性，流量计的机械电气结构、技术参数等应有防修改或防破坏措施。

5.3　标志

5.3.1　流量计的铭牌或面板、表头等明显部位应预留出位置，以标出制造计量器具许可证和型式批准证书的标志和编号。

5.3.2　流量计的铭牌或面板、表头等明显部位应标明最大工作压力。

5.3.3　流量计表体应有永久性、明显的流向标识。

解读：流量计的标志必须清晰，醒目。必须包括本大纲规定的信息。流向标识一般是永不磨损的，在表体上有刻印的箭头标识。如果是双向流也需要明示。

6　计量性能要求

6.1　准确度等级和最大允许误差

在规定的流量范围内，流量计的准确度等级及对应的最大允许误差应符合表1的要求。

表1　准确度等级和最大允许误差（相对示值误差）

准确度等级		0.5	1.0	1.5	2.0	2.5
最大允许误差	$q_t \leq q \leq q_{max}$	±0.5%	±1.0%	±1.5%	±2.0%	±2.5%
	$q_{min} \leq q < q_t$	±1.0%	±2.0%	±3.0%	±4.0%	±5.0%

说明：分界流量 q_t 对应的流量一般为 $0.2q_{max}$（或者按照产品说明书）。如果范围度大于 50：1，则分界流量 q_t 对应的流量为 $0.1q_{max}$。

解读：流量计准确度等级对应的最大允许误差采用相对示值误差表示。注意分界流量 q_t 对应的流量是依据流量计的量程比来决定的，分界流量 q_t 对应的流量一般为 $0.2q_{max}$。量程比大于 50：1 后，则 q_t 对应的流量为 $0.1q_{max}$，这来源于 OIML R137：2012 的规定。

6.2　引用误差

采用引用误差的流量计应给出相对流量上限的最大允许误差，例：±1.0% FS。

解读：由于流量计在低流速、小流量测量时误差较大，某些国外流量计公司在大流量（高区）采用相对示值误差表述，在小流量（低区）又采用引用误差来表述，容易误导用户。在本大纲中规定，流量计的最大允许误差可以用相对示值误差和引用误差两种形式表述，但是必须明确一种表述方式，不得混用。

一般采用引用误差的流量计适合于工业现场对流量测量准确度要求不高的场合。

6.3　重复性

流量计的重复性不得超过最大允许误差绝对值的1/3。

解读：不管流量计采用相对示值误差方式还是采用引用误差方式，重复性要求是相同的：不得超过最大允许误差绝对值的1/3。

7　通用技术要求

7.1　密封性

流量计应能承受静压力为最大工作压力的密封性试验，历时5min，无泄漏。

解读：密封性试验主要考核流量计在承受最大工作压力的静压下传感器机械部件、电气连接部分是否密封良好。

7.2　耐压强度

流量计表体应能承受试验压力为1.5倍最大工作压力（或产品铭牌标示的更大压力参数）下的耐压强度试验，试验期间流量计各连接部分应无泄漏、破损。

解读：耐压试验主要考核流量计在承受1.5倍最大工作压力的静压下，流量计壳体、传感器机械部件及电气连接部件是否牢固并且密封连接良好。

7.3　绝缘电阻

流量计的电源端子与接地端子、输出端子与接地端子之间的绝缘电阻，其值应不小于表2的要求。

表2　绝缘电阻要求

额定电压或者标称电压	直流试验电压	绝缘电阻
交流130V～250V、50Hz	500V	20MΩ
直流≤60V	100V	7MΩ

解读：对于直流和交流供电的流量计，均应测量其绝缘电阻，在电源端子/输出端子与接地端子（或外壳）之间分别施加表2所示的直流电压。

7.4　绝缘强度

流量计的电源端子与接地端子、输出端子与接地端子之间应能承受表3要求的试验电压和频率，历时1min，无击穿或飞弧现象产生。

表3　绝缘强度要求

额定电压或者标称电压	试验电压（正弦交流电）
交流130V～250V、50Hz	1.5kV
直流≤60V	0.5kV

解读：对于直流和交流供电的流量计，均考核其绝缘强度，在与地绝缘的端子和接地端子（或外壳）之间分别施加表3要求的与主电源频率相同的正弦交流电的试验电压，应无击穿或飞弧现象。击

穿判断原则上应为沿施加电压方向的位置上有贯穿的小孔或烧焦等痕迹。为了试验操作安全，应根据相应产品标准，规定绝缘回路泄漏电流。

7.5　防爆性能

用于爆炸性气体环境的流量计，应取得具有资质的防爆检验机构签发的防爆试验报告和颁发的防爆合格证书。

解读：对于有防爆要求的流量计，应根据所应用的爆炸性环境场所，选用适合的防爆技术，并在具有资质的防爆检验机构，进行防爆检测取得防爆试验报告和防爆合格证书。

7.6　外壳防护性能

流量计应符合产品标准中规定的防护等级要求。在进行规定等级的防尘防水试验后，复查流量计的功能，应正常。

解读：流量计应满足 GB 4208 规定的防尘防水试验要求，防护等级由产品技术文件给出，表体和转换器部分有不同的防护等级要求。

7.7　贮存环境

流量计在包装条件下进行以下规定的贮存环境试验后，对流量计复测 $0.2q_{max}$ 流量点下的示值误差，仍应符合本规范第 6 章的要求。

7.7.1　低温

按 GB/T 2423.1 中“试验 Ad”相关要求进行，低温 -20℃，持续 2h。

7.7.2　高温

按 GB/T 2423.2 中“试验 Bd”相关要求进行，高温 55℃，持续 2h。

7.7.3　恒定湿热

按 GB/T 2423.3 中“试验 Cab”相关要求进行，温度 40℃、相对湿度 93%，持续 48h。

7.7.4　振动

按 GB/T 2423.10 中“试验 Fc”相关要求进行。在互相垂直的 3 个轴向正弦波振动，频率范围为 1Hz～100Hz、振动幅度 0.75mm，每个轴向 1h。

解读：贮存环境试验主要考核流量计在包装条件下对低温、高温、恒定湿热和振动等环境条件的耐受程度。四项环境试验结束后，对流量计复测 $0.2q_{max}$ 流量点的示值误差，应满足相关要求。

7.8　电磁兼容适应性

电磁环境试验包括静电放电抗扰度、射频电磁场辐射抗扰度、电快速瞬变脉冲群抗扰度、浪涌（冲击）抗扰度、电压暂降、短时中断和电压变化抗扰度试验。

在规定的试验条件下，试验过程中和试验完成后，流量计都应工作正常，并保持正常的功能，不允许下列与正常工作有关的功能降低：

——器件故障或非预期的动作；

——已存储数据的改变或丢失；

——工厂默认值的复位；

——运行模式的改变；

——数据显示的混乱或错误；

——键盘操作失效。

解读：由于流量计本身没有大功率电子电气部件，对外部电磁环境产生的影响有限，因此本大纲在电磁兼容试验中仅考虑了抗扰度试验项目。按照 GB/T 17626.1 的相关要求，电磁兼容试验结果是依据受试设备的功能丧失或性能降级进行分类的。推荐的分类如下：①在制造厂或委托方规定的技术规范限值内性能正常；②功能暂时丧失或性能暂时降低，但在骚扰停止后EUT能自行恢复，无需操作者干预；③功能暂时丧失或性能暂时降低，但需操作者干预才能恢复正常；④因硬件或软件损坏，或数据丢失而造成不能自行恢复至正常状态的功能降低或丧失。在本大纲中，根据流量计的功能特点，明确了电磁兼容试验结果的判定准则。

7.8.1　静电放电抗扰度

按GB/T 17626.2中的相关要求进行，试验等级为3级。

解读：该项目主要考核流量计遭受直接来自操作者或邻近物体之间可能的静电放电时的性能。

7.8.2　射频电磁场辐射抗扰度

按GB/T 17626.3中的相关要求进行，试验等级为3级。

解读：该项目主要考核流量计受到射频电磁场辐射的性能。电磁辐射以某种方式影响大多数的电子设备，如小型手持式无线电收发机、固定的广播电视发射机、各种工业电磁源均会频繁地产生这种辐射。

7.8.3　电快速瞬变脉冲群抗扰度

仅适用于交流供电的流量计。

按GB/T 17626.4中的相关要求进行，试验等级为3级。

解读：该项目主要考核流量计的电源端口、信号控制端口在受到重复性电快速瞬变脉冲群干扰时的性能。

7.8.4　浪涌（冲击）抗扰度

仅适用于交流供电的流量计。

按GB/T 17626.5中的相关要求进行，试验等级为2级。

解读：该项目主要考核流量计受到由开关和雷电瞬变过压引起的单极性浪涌（冲击）时的性能。

7.8.5　电源中断

仅适用于直流供电的流量计。

按GB/T 17626.11中的相关要求进行，试验等级为0% UT。

解读：该项目主要考核流量计受到电源中断时的性能。

8　型式评价项目表

流量计型式评价项目一览表，见表4。

表4　流量计型式评价项目一览表

序号	项目名称	技术要求	评价方式	评价方法
1	法制管理要求	5	观察	
2	计量性能要求	6	试验	10.1
3	密封性	7.1	试验	10.2
4	耐压强度	7.2	试验	10.3
5	绝缘电阻	7.3	试验	10.4
6	绝缘强度	7.4	试验	10.5
7	外壳防护性能	7.6	试验	10.6

续表

序号	项目名称		技术要求	评价方式	评价方法
8	贮存环境	低温	7.7.1	试验	10.7
		高温	7.7.2	试验	
		恒定湿热	7.7.3	试验	
		振动	7.7.4	试验	
9	电磁兼容	静电放电抗扰度	7.8.1	试验	10.8.1
		射频电磁场辐射抗扰度	7.8.2	试验	10.8.2
		电快速瞬变脉冲群抗扰度	7.8.3	试验	10.8.3
		浪涌（冲击）抗扰度	7.8.4	试验	10.8.4
		电源中断	7.8.5	试验	10.8.5

解读：流量计型式评价项目表中可以看到，除了“法制管理要求”进行目测观察外，其余9大项均通过试验手段完成。

9　提供样机的数量及样机使用方式

9.1　申请单位应提供的试验样机

按单一产品申请型式评价，样机数量一般为3台。

按系列产品申请的，每一个系列产品中抽取1/3有代表性的规格产品；每种规格的流量计，公称口径不大于100mm的流量计应提供3台样机；公称口径超过100mm的流量计应提供2台样机。

负责型式评价的技术机构可要求提供更多的样机或其部件进行试验。

解读：按照JJF 1015—2014的要求，并根据流量计具体情况确定流量计型式评价试验样机的数量，对于口径大于100mm的流量计，可适当减少样机数量。同时，负责型式评价的技术机构也可根据具体情况，如送样样机存在明显缺陷等，要求其提供更多的样机进行试验。

9.2　样机使用方式

使用1台样机完成所有项目的试验，其中外壳防护性能和电磁兼容试验安排在最后进行试验。其余样机完成除外壳防护性能和电磁兼容以外的试验项目。

如果系列产品的组成中除外壳和流量传感器外的其他部件均相同，则其电磁兼容适应性项目可以一种代表性的规格进行试验。

解读：对于试验样机，仅需1台样机完成所有的试验项目，由于外壳防护和电磁兼容试验具有破坏性，可能会对其他试样造成影响，因此建议安排在最后进行试验。对于系列产品，如果仅是口径不同，其他电气设计、结构、制造工艺、元器件制造厂等均相同，则电磁兼容试验可用一种代表性的规格进行试验。

10　型式评价的条件和方法

10.1　计量性能试验

10.1.1　试验目的

检验流量计的相对示值误差或引用误差是否符合要求。

10.1.2　试验设备

10.1.2.1　标准装置

标准装置有皂膜标准装置、标准表法标准装置、钟罩式标准装置和活塞式标准装置。标准装置应有有效的检定或校准证书。标准装置的不确定度应不大于流量计最大允许误差绝对值的 1/3。在每个流量点的检定过程中，压力波动应不超过 ±0.5%。

10.1.2.2 配套仪表

配套仪表见表 5。

表 5 配套仪表

序号	仪表名称	技术要求	用　途
1	温度仪表	±0.2℃	测量标准装置、流量计处气体温度
2	压力仪表	0.1 级	测量标准装置、流量计处气体压力
3	大气压力仪表	±0.7hPa	测量大气压力
4	湿度计	±10%	测量气体相对湿度
5	计时器	±10ms	测量试验时间
6	计数器（适用于检定脉冲输出流量计）	±1	累计流量计输出脉冲
7	数字电流表（适用于检定电流输出流量计）	±1μA	测量流量计输出电流

配套仪表应有有效的检定证书或校准证书。

10.1.2.3 每次试验时间

每次试验时间应不少于标准装置允许的最短测量时间。

10.1.2.4 累积脉冲数

脉冲输出的流量计，一次试验中标准装置累积脉冲数应不少于样机最大允许误差绝对值倒数的 10 倍。

10.1.3 试验介质

试验介质为气体，气体应无游离水或油等杂质存在，且组分或性状与实际测量介质相近。准确度等级不低于 1.0 级的流量计，在每个流量点的每一次试验过程中，气体的温度变化应不超过 ±0.5℃。准确度等级不高于 1.5 级的流量计，在每个流量点的每一次试验过程中，气体的温度变化应不超过 ±1℃。气体为天然气时，天然气气质至少应符合 GB 17820 的要求，天然气的相对密度应为 0.55 ~0.80。试验过程中，天然气的组分应相对稳定，天然气取样应按 GB/T 13609 执行，天然气组成分析应按 GB/T 13610 执行。

10.1.4 试验环境

10.1.4.1 环境温度一般为 5℃ ~40℃；环境相对湿度应≤93%；大气压力一般为 86kPa ~106kPa。

10.1.4.2 交流电源电压应为 (220 ±22)V，电源频率应为 (50 ±2.5)Hz。也可根据流量计的要求，使用合适的交流或直流电源。

10.1.4.3 如果试验介质是天然气等可燃性或爆炸性气体时，标准装置、配套仪表和试验现场都应满足 GB 3836 和 GB 50251 的要求。

10.1.5 试验程序

a) 流量计安装时，流量计标识的流向应与流体流向一致，流量计轴线应与标准装置管道轴线方向一致，安装位置应满足流量计说明书前后直管段的要求。插入式流量计安装，应按使用说明书要求的插入深度安装。流量计与标准装置管道连接部分应不渗漏，连接处的密封垫应不突入管道内。

b) 接通流量计和标准装置的电源，按流量计使用说明书中的方法检查样机参数设置。

c) 将标准装置流量调到 $0.7q_{max}$ ~q_{max}，至少流通 5min，直至气体温度、压力和流量稳定。

d) 示值误差流量试验点至少应包含 q_{max}、$0.5q_{max}$、q_t 和 q_{min}。除 q_{min}、q_t 和 q_{max} 应分别控制在 $(1\sim1.1)q_{min}$、$(1\sim1.1)q_t$ 和 $(0.9\sim1)q_{max}$ 外，其他点均应在设定流量的 ±5% 内。每个试验点的试验次数应不少于 3 次。

e) 将标准装置流量设置或调整至所试验流量点，控制标准装置和流量计同时开始流量测量，经一段时间后，控制标准装置和流量计同时停止测量，记录标准装置流量、流量计输出值、标准装置处和流量计处的气体温度 T_s、T_m 和气体压力 P_s、P_m，计算第 i 流量点第 j 次的示值误差。

f）至少重复测量3次，计算第 i 流量点的平均示值误差和重复性。转入下一个流量点的试验，直至完成所有流量点的试验。

10.1.6　数据处理

10.1.6.1　流量计相对示值误差计算

第 i 点第 j 次试验的流量计相对示值误差按式（1）计算。

$$E_{ij}=\frac{Q_{ij}-(Q_s)_{ij}}{(Q_s)_{ij}}\times 100\% \text{ 或 } E_{ij}=\frac{q_{ij}-(q_s)_{ij}}{(q_s)_{ij}}\times 100\% \tag{1}$$

式中：

E_{ij}——第 i 流量点第 j 次试验流量计相对示值误差,%；

Q_{ij}——第 i 流量点第 j 次试验流量计累积流量；

$(Q_s)_{ij}$——第 i 流量点第 j 次试验标准装置累积流量；

q_{ij}——第 i 流量点第 j 次试验流量计瞬时流量；

$(q_s)_{ij}$——第 i 流量点第 j 次试验标准装置瞬时流量。

皂膜标准装置进行流量计试验，$(Q_s)_{ij}$按式（2）计算：

$$(Q_s)_{ij}=V\cdot\frac{T_0}{p_0}\cdot\frac{(p-\varphi p_d)}{T} \tag{2}$$

式中：

V——第 i 流量点第 j 次试验标准装置显示的气体累积体积流量；

T_0——标况的温度，293.15K；

p_0——标况的压力，101 325Pa；

T——第 i 流量点第 j 次试验标准装置处气体的温度，K；

p——第 i 流量点第 j 次试验标准装置处气体的绝对压力，Pa；

p_d——第 i 流量点第 j 次试验标准装置状况下检定气体的饱和蒸汽压，Pa；

φ——第 i 流量点第 j 次试验气体的相对湿度。

标准表法标准装置进行流量计试验，$(Q_s)_{ij}$按式（3）计算：

$$(Q_s)_{ij}=V\cdot\frac{T_0}{p_0}\cdot\frac{p}{T} \tag{3}$$

$(q_s)_{ij}$按式（4）计算：

$$(q_s)_{ij}=\frac{(Q_s)_{ij}}{t_{ij}} \tag{4}$$

式中：

t_{ij}——第 i 流量点第 j 次检定时间。

第 i 流量点流量计相对示值误差按式（5）计算：

$$E_i=\frac{\sum_{j=1}^{n}E_{ij}}{n} \tag{5}$$

式中：

E_{ij}——第 i 流量点第 j 次试验流量计相对示值误差,%；

n——第 i 流量点的试验次数。

流量计相对示值误差确定：

分别取 $q_t\leqslant q\leqslant q_{max}$ 和 $q_{min}\leqslant q<q_t$ 内流量点相对示值误差绝对值的最大值。

流量计相对示值误差计算结果应符合6.1要求。

10.1.6.2　流量计引用误差计算

第 i 流量点第 j 次试验流量计引用误差按式（6）计算。

$$E_{ij}=\frac{q_{ij}-(q_s)_{ij}}{q_{max}}\times 100\% \tag{6}$$

式中：

q_{max}——流量计流量范围上限。

第 i 流量点流量计引用误差按式（5）计算。

流量计引用误差取流量点中引用误差绝对值的最大值。

10.1.6.3 流量计重复性计算

按式（7）、式（8）计算流量计的重复性。

$$(E_r)_i=\left[\frac{1}{(n-1)}\sum_{j=1}^{n}(E_{ij}-E_i)^2\right]^{\frac{1}{2}} \tag{7}$$

式中：

$(E_r)_i$——第 i 流量点 n 次试验流量计重复性,%。

$$E_r=[(E_r)_i]_{max} \tag{8}$$

式中：

E_r——流量计重复性,%；

$[(E_r)_i]_{max}$——对给出准确度等级的流量计分别取 $q_t\leqslant q\leqslant q_{max}$ 和 $q_{min}\leqslant q<q_t$ 内流量点重复性最大值；对给出引用误差的流量计取流量点中重复性最大值。

10.1.7 合格判据

流量计示值误差（或引用误差）和重复性应符合6.1（或6.2）和6.3的要求。

解读：在计量性能试验部分，无论是对气体流量标准装置、配套仪表、试验介质和试验环境条件的要求，还是试验程序、示值误差及重复性的计算方法等均与JJG 1132—2017《热式气体质量流量计》是一致的。

10.2 密封性试验

10.2.1 试验目的

检验流量计能否在规定的时间内承受规定的静压力而无泄漏和损坏。

10.2.2 试验条件

在10.1.4.1规定的环境条件下，流量计零流量状态进行试验。用空气或水作为介质进行试验。

10.2.3 试验设备

密封性试验装置量程应覆盖流量计最大工作压力，压力计等级不低于2.5级。

10.2.4 试验方法

将流量计安装在密封性试验台上。

用空气或水为介质对流量计加压至流量计最大工作压力，持续时间不少于5min。观察有无泄漏现象。

10.2.5 合格判据

应符合7.1的要求。

解读：密封性试验可以在气体流量标准装置上以气体为介质进行试验，如果气体流量标准装置达不到流量计的最大工作压力，也可以在密封（耐压）试验装置上以水为介质进行试验。

10.3 耐压强度

10.3.1 试验目的

检验流量计表体能否在规定的时间内承受规定的静压力而无泄漏和损坏。

10.3.2　试验条件

在 10.1.4.1 规定的环境条件下，流量计零流量状态进行试验。用水作为介质进行试验。

10.3.3　试验设备

耐压试验装置的量程应覆盖流量计 1.5 倍最大工作压力，压力计准确度等级不低于 2.5 级。

10.3.4　试验方法

将流量计表体安装在耐压试验台上。

用水作为介质，对流量计加压至 1.5 倍流量计的最大工作压力，持续时间不少于 5min。

观察流量计表体有无泄漏和损坏。

10.3.5　合格判据

应符合 7.2 的要求。

解读：耐压试验以水为试验介质，试验压力是 1.5 倍流量计最大工作压力。当试验压力较高时，应注意试验过程中的对操作者的安全防护。

10.4　绝缘电阻

10.4.1　试验目的

检验流量计各端子之间的绝缘电阻是否符合要求。

10.4.2　试验条件

在 10.1.4.1 规定的环境条件下，流量计零流量状态进行试验。

10.4.3　试验设备

符合 7.3 中表 2 要求的兆欧表或绝缘电阻测量仪。

10.4.4　试验方法

按试验设备使用方法，测量流量计的电源端子与接地端子之间的绝缘电阻。

按试验设备使用方法，测量流量计的输出端子与接地端子之间的绝缘电阻。

10.4.5　合格判据

应符合 7.3 中表 2 的要求。

解读：试验用兆欧表或绝缘电阻测量仪其准确度等级应不超过 10 级。试验时流量计不通电，处于非工作状态。若流量计有电源开关，则应处于接通位置。试验中施加规定的直流电压，10s 后进行读数。

10.5　绝缘强度

10.5.1　试验目的

检验流量计各端子之间的绝缘强度是否符合要求。

10.5.2　试验条件

在 10.1.4.1 规定的环境条件下，流量计零流量状态进行试验。

10.5.3　试验设备

应符合 7.4 中表 3 要求的绝缘强度测量仪。

10.5.4　试验方法

10.5.4.1　交流供电流量计

a）用绝缘强度测量仪对流量计的电源端子与接地端子之间施加 1.5kV 的正弦试验电压，持续 1min，观察有无击穿或飞弧现象。

b）用绝缘强度测量仪对流量计的输出端子与接地端子之间施加 1.5kV 的正弦试验电压，持续 1min，观察有无击穿或飞弧现象。

10.5.4.2　直流供电流量计

a）用绝缘强度测量仪对流量计的电源端子与接地端子之间施加 0.5kV 的正弦试验电压，持续 1min，观察有无击穿或飞弧现象。

b）用绝缘强度测量仪对流量计的输出端子与接地端子之间施加0.5kV的正弦试验电压，持续1min，观察有无击穿或飞弧现象。

10.5.5　合格判据

应符合7.4的要求。

解读：绝缘强度测量仪的试验电压允许误差应不超过示值的±10%。试验电压持续时间应不超过规定值的±10%。试验时流量计不通电，处于非工作状态。若流量计有电源开关，则应处于接通位置。试验时，试验电压由零逐步上升到规定值，上升过程中不允许出现电压明显的瞬变。试验后将试验电压平稳地降至零，并切断绝缘强度测量仪的电源。

10.6　外壳防护性能

10.6.1　试验目的

检验流量计的防护性能是否符合GB 4208规定的IP等级要求。

10.6.2　试验条件

在10.1.4.1规定的环境条件下，流量计零流量状态进行试验。

10.6.3　试验设备

外壳防护试验用的防尘防水试验设备。

10.6.4　试验方法

a）按产品标准确认流量计的IP防护等级。

b）按GB 4208规定的方法进行相应等级的防尘试验。

c）按GB 4208规定的方法进行相应等级的防水试验。

d）试验后检查流量计的显示和检测功能是否正常。

10.6.5　合格判据

试验后流量计显示和检测功能应正常。

解读：试验中流量计不通电，处于非工作状态。试验后，将流量计表面的尘和水擦拭干净并给流量计通电，检查流量计的各项功能。

10.7　贮存环境

10.7.1　试验目的

检验流量计在低温、高温、恒定湿热和振动的贮存环境试验后，是否符合7.7的要求。

10.7.2　试验条件

在10.1.4.1规定的环境条件下，流量计零流量状态进行试验。

10.7.3　试验设备

高低温试验箱和振动试验台。

10.7.4　试验方法

按GB/T 2423.1“试验Ad”进行低温试验。试验参数按表6。

表6　低温贮存试验

试验温度	-20℃
持续时间	2h
恢复时间	2h

注：温度变化率不应超过1℃/min，对空气湿度要求在整个试验期间应避免凝结水。

按 GB/T 2423.2“试验 Bd”进行高温试验。试验参数按表 7。

表 7　高温贮存试验

试验温度	55℃
持续时间	2h
恢复时间	2h

注：温度变化率不应超过 1℃/min，对空气湿度要求在整个试验期间应避免凝结水。

按 GB/T 2423.3“试验 Cab”进行恒定湿热贮存试验。试验参数按表 8。

表 8　恒定湿热贮存试验

试验温度	40℃
相对湿度	93%
持续时间	2d
恢复时间	2h

按 GB/T 2423.10“试验 Fc”进行正弦波振动试验。试验参数按表 9。

表 9　振动试验

频率范围	1Hz ~ 100Hz
振动幅度	0.75mm
持续时间	每个轴向各 1h

功能复查：试验后，检查流量计的显示和检测功能是否正常。

计量性能复测：试验后，选择 q_t 流量点，按 10.1.4 和 10.1.5 的规定，对流量计进行示值误差（或引用误差）和重复性试验。

10.7.5　合格判据

试验后流量计显示和检测功能应正常，计量性能符合第 6 章的要求。

解读：流量计在出厂包装条件下进行贮存试验。在完成低温、高温、恒定湿热和振动项目后，打开流量计包装，进行功能检查和计量性能复测。

10.8　电磁兼容适应性

10.8.1　静电放电抗扰度

10.8.1.1　试验目的

检验流量计在静电放电抗扰度试验后是否符合 7.8 的要求。

10.8.1.2　试验条件

在 10.1.4.1 规定的环境条件下试验。

10.8.1.3　试验设备

静电放电抗扰度试验设备。

10.8.1.4　试验程序

按 GB/T 17626.2 的要求，流量计在模拟工作状态下进行静电放电抗扰度试验。

按表 10 规定的参数进行静电放电抗扰度试验。

表 10　静电放电抗扰度试验

放电方式	接触放电	空气放电
试验等级	3 级	3 级
试验电压	6kV	8kV
试验次数	10 次	10 次

观察流量计有无出现功能或者性能暂时丧失或者降低，试验结束后，工作是否正常，存储的数据是否保持不变。

10.8.1.5　合格判据

流量计在静电放电抗扰度试验中和试验后，应符合 7.8 的要求。

解读：流量计通电，在模拟工作状态（非实流状态）进行试验。对流量计进行直接和间接放电：①对导电表面和对耦合板的接触放电；②在绝缘表面上的空气放电。试验中和试验后检查流量计功能。

10.8.2　射频电磁场辐射抗扰度

10.8.2.1　试验目的

检验流量计在射频电磁场辐射抗扰度试验后是否符合 7.8 的要求。

10.8.2.2　试验条件

在 10.1.4.1 规定的环境条件下试验。

10.8.2.3　试验设备

射频电磁场辐射抗扰度试验设备。

10.8.2.4　试验程序

按 GB/T 17626.3 的要求，流量计在模拟工作状态下进行射频电磁场辐射抗扰度试验。

按表 11 规定的参数进行射频电磁场辐射抗扰度试验。

表 11　射频电磁场辐射抗扰度试验

频率范围	80MHz ~ 1 000MHz
试验等级	3 级
试验场强	10V/m
调制正弦波	80% AM、1kHz 正弦波
极化方向	水平、垂直

观察流量计有无出现功能或者性能暂时丧失或者降低，试验结束后，工作是否正常，存储的数据是否保持不变。

10.8.2.5　合格判据

流量计在射频电磁场辐射抗扰度试验中和试验后，应符合 7.8 的要求。

解读：流量计通电，在模拟工作状态（非实流状态）进行试验。试验中尽可能使流量计充分运行。发射天线应对流量计的四个侧面之一进行试验。对每一个侧面需在发射天线的两种极化状态下进行试验，即垂直极化位置和水平极化位置。试验中和试验后检查流量计功能。

10.8.3　电快速瞬变脉冲群抗扰度

10.8.3.1　试验目的

检验流量计在电源电压上叠加电脉冲群试验后是否符合 7.8 的要求。

试验条件

在 10.1.4.1 规定的环境条件下试验。

10.8.3.2 试验设备

脉冲群信号发生器。

10.8.3.3 试验程序

按 GB/T 17626.4 的要求，流量计在模拟工作状态下进行抗脉冲群干扰试验。

按表 12 规定的参数进行脉冲群抗扰度试验。

表 12 脉冲群抗扰度试验

试验方式	供电电源端口，保护接地（PE）
试验等级	3 级
电压峰值/kV	2
试验时间/s	60
重复频率/kHz	5

观察流量计有无出现功能或者性能暂时丧失或者降低，试验结束后，工作是否正常，存储的数据是否保持不变。

10.8.3.4 合格判据

流量计在电快速瞬变脉冲群抗扰度试验中和试验后，应符合 7.8 的要求。

解读：流量计通电，在模拟工作状态（非实流状态）进行试验。脉冲群抗扰度试验是将由许多快速瞬变脉冲组成的脉冲群耦合到受试设备的电源端口、控制端口、信号端口和接地端口。本大纲中仅对流量计的电源端口进行试验。试验的要点是瞬变的高幅值、短上升时间、高重复率和低能量。试验中和试验后检查流量计功能。

10.8.4 浪涌（冲击）抗扰度

10.8.4.1 试验目的

检验流量计在浪涌（冲击）抗扰度试验后是否符合 7.8 的要求。

10.8.4.2 试验条件

在 10.1.4.1 规定的环境条件下试验。

10.8.4.3 试验设备

浪涌信号发生器。

10.8.4.4 试验程序

按 GB/T 17626.5 的要求，流量计在模拟工作状态下进行浪涌（冲击）抗扰度试验。

按表 13 规定的参数进行浪涌（冲击）抗扰度试验。

表 13 浪涌（冲击）抗扰度

试验等级	2 级
开路试验电压/kV	1.0
浪涌波形/μs	1.2/50 ~ 8/20
试验方式	线 - 地，线 - 线
极性	正极、负极
试验次数/次	5
重复率	1 次/min

观察流量计有无出现功能或者性能暂时丧失或者降低，试验结束后，工作是否正常，存储的数据是否保持不变。

10.8.4.5 合格判据

流量计在浪涌（冲击）抗扰度试验中和试验后，应符合7.8的要求。

解读： 流量计通电，在模拟工作状态（非实流状态）进行试验。浪涌（冲击）抗扰度试验可将浪涌脉冲施加到受试设备的电源端口和互连线上。本大纲中，仅对流量计的交流电源端口进行试验。试验中和试验后检查流量计功能。

10.8.5 电源中断

10.8.5.1 试验目的

检验流量计按GB/T 17626.11中试验等级0% UT试验后是否符合7.8的要求。

10.8.5.2 试验条件

在10.1.4.1规定的环境条件下试验。

10.8.5.3 试验设备

直流稳压电源。

10.8.5.4 试验程序

按GB/T 17626.11的要求，流量计或其积算仪在模拟工作状态下进行电源中断试验。

按表14规定的参数进行电源中断试验。

表14 电源中断

试验等级	0% UT
中断	电压100%中断：相当于半个周期的时间
试验循环数	至少10次中断，间隔时间最少10s

通电恢复后，检查流量计工作是否正常，存储的数据是否保持不变。

10.8.5.5 合格判据

流量计在电源中断试验后，应符合7.8的要求。

解读： 考核流量计受到供电电源短时中断的影响。试验结束后，电源恢复通电检查流量计的各项功能。

11 试验项目所用计量器具和设备表

试验项目所用计量器具和设备表见表15。

表15 试验项目所用计量器具和设备表

序号	名 称	测量范围	主要性能指标	备 注
1	皂膜标准装置、标准表法标准装置、钟罩式标准装置和活塞式标准装置	流量范围覆盖流量计工作范围；可克服流量计压力损失	扩展不确定度应不大于流量计最大允许误差绝对值的1/3	适用于流量计
2	密封性试验装置	试验压力可达流量计最大工作压力	压力计准确度2.5级	试验介质为水或空气

续表

序号	名　　称	测量范围	主要性能指标	备　　注
3	耐压试验装置	试验压力可达流量计 1.5 倍最大工作压力	压力计准确度 2.5 级	试验介质为水
4	兆欧表或绝缘电阻测量仪			
5	绝缘强度测量仪			
6	防尘防水试验设备			
7	高低温试验箱			
8	振动试验台			
9	静电放电发生器			
10	电波暗室			
11	射频信号发生器			
12	电快速瞬变脉冲群发生器			
13	浪涌信号发生器			
14	电压暂降、短时中断试验设备			

解读：表 15 列出了型式评价试验项目所用的主要的计量器具和仪器设备（部分）。所用的仪器设备的测量范围应覆盖本大纲对各试验项目的要求，其性能指标应满足各具体的试验标准对仪器设备的技术指标要求。

附录 A　　热式气体质量流量计型式评价原始记录格式（参考）

A.1　型式评价基本信息

A.1.1　样机

委托单位：

申请单位：

样机名称：

型号规格：

样机编号：

量程：

准确度等级（或引用误差）：

A.1.2　使用计量标准设备

名称：

型号规格：

编号：

量程：

准确度等级/不确定度：

检定证书编号：

检定证书有效期：

A.1.3　环境条件

温度：

相对湿度：

大气压力：

A.1.4　试验依据：

A.1.5　人员签字

型式评价人员（签字）

复核人员（签字）

A.1.6　试验时间

（开始时间：　　　　结束时间：　　　　）

A.2　观察项目记录

章节条款	技术要求	+	−	备注
法制管理要求				
5.1 计量单位	流量计显示累积量单位：千克、克，符号 kg、g 瞬时流量单位：千克每小时、千克每分、克每秒，符号 kg/h、kg/min、g/s			
5.2 外部结构设计	对不允许使用者自行调整的流量计，应采用封闭式结构设计或者留有加盖封印的位置。凡能影响准确度的任何人为机械干扰，都将在流量计或防护标记上产生永久性的有形损坏痕迹			
5.3 标志 5.3.1	流量计的铭牌或面板、表头等明显部位应预留出位置，以标出制造计量器具许可证和型式批准证书的标志、编号			
5.3.2	流量计的铭牌或面板、表头等明显部位应标明最大工作压力			
5.3.3	流量计表体应有永久性、明显的流向标识			
7.5 防爆性能	用于爆炸性气体环境的流量计，应取得具有资质的防爆检验机构签发的防爆试验报告和颁发的防爆合格证书			

A.3　试验记录

A.3.1　密封性

试验设备：

环境条件：

样机编号	试验介质	试验压力 p MPa	持续时间 t min	试验结果

试验员　　　复核员　　　　试验日期：　　年　　月　　日

A.3.2　计量性能

标准装置：

环境条件：温度　　℃；　　相对湿度：　　%；大气压力　　kPa

样机编号№：

试验流量 m^3/h	样　　机			标准装置			示值误差 $E_{ij}/\%$	平均误差 $E_i/\%$	重复性 $E_r/\%$
	Q/L	温度 T_m	压力 p_m	Q_s/L	温度 T_s	压力 p_s			
q_{max}									
$0.5q_{max}$									
q_t									
q_{min}									

试验员　　　　　复核员　　　　　试验日期：　　　年　　　月　　　日

A.3.3　耐压强度（流量计壳体）

试验设备：

环境条件：

样机编号	试验介质	试验压力 p MPa	持续时间 t min	试验结果
	水			
	水			
	水			

试验员　　　　　复核员　　　　　试验日期：　　　年　　　月　　　日

A.3.4　绝缘电阻

试验设备：

环境条件：

样机编号	电源端子与接地端子之间电阻 Ω	输出端子与接地端子之间电阻 Ω	结果

试验员　　　　　复核员　　　　　试验日期：　　　年　　　月　　　日

A.3.5　绝缘强度

试验设备：

环境条件：

样机编号	端子间	试验电压 V	持续时间 min	结　果
	电源端子与接地端子			
	输出端子与接地端子			
	电源端子与接地端子			
	输出端子与接地端子			
	电源端子与接地端子			
	输出端子与接地端子			

试验员　　　复核员　　　试验日期：　　年　　月　　日

A.3.6　外壳防护性能

试验设备：

环境条件：

样机编号	防护等级 IP	试验后显示功能复查	试验后检测功能检查	结果
	防尘：			
	防水：			

试验员　　　复核员　　　试验日期：　　年　　月　　日

A.3.7　贮存性能

试验设备：

环境条件：

样机编号	项目	试验后显示功能复查	试验后计量性能复查	结果
	低温 Ad		流量点 q_t 下 示值误差： 重复性：	
	高温 Bd			
	恒定湿热：Cab			
	振动：Fc			
	低温 Ad		流量点 q_t 下 示值误差： 重复性：	
	高温 Bd			
	恒定湿热：Cab			
	振动：Fc			
	低温 Ad		流量点 q_t 下 示值误差： 重复性：	
	高温 Bd			
	恒定湿热：Cab			
	振动：Fc			

试验员　　　复核员　　　试验日期：　　年　　月　　日

A.3.8　电磁兼容适应性

试验设备：

环境条件：

项　目	等级	样机编号	试验时功能检查	试验后功能复查	结　果
静电放电抗扰度	3				
射频电磁场辐射抗扰度	3				
脉冲群抗扰度	3				
浪涌（冲击）抗扰度	2				
电源中断	0% UT				

试验员　　　　复核员　　　　试验日期：　　年　　月　　日

第二章　旋进旋涡流量计

第一节　JJG 1121《旋进旋涡流量计》编写说明

一、任务来源

根据2009年国家质量监督检验检疫总局下发的国质检量函〔2009〕393号文件和全国流量容量计量技术委员会关于国家计量检定规程（规范）制定、修订工作的通知，《旋进旋涡流量计》列入2009—2010年国家计量检定规程制定计划。

JJG 1121—2015《旋进旋涡流量计》由中国计量科学研究院、北京市计量检测科学研究院负责主起草。参加起草单位包括：新疆维吾尔自治区计量测试研究院、天信仪表集团有限公司、浙江苍南仪表厂、浙江富马仪表有限公司和北京菲舍波特仪器仪表有限公司。

二、规程制订的必要性

自1994年12月1日以来，旋进旋涡流量计依据JJG 198—1994《速度式流量计》进行检定。JJG 198—1994《速度式流量计》在旋进旋涡流量计检定工作中起了积极的作用。由于JJG 198—1994《速度式流量计》包括涡街流量计、超声流量计、电磁流量计、涡轮流量计、旋进旋涡流量计以及其他形式的速度式流量计的检定内容，使其通用性条款多，专门适用于旋进旋涡流量计检定的条款少。

近年来，旋进旋涡流量计制造技术的发展、结构型式的改变，使其技术指标得到了提高。特别是旋进旋涡流量计应用领域不断扩大，应用于石油、化工、环保等行业。因此，对旋进旋涡流量计检定技术要求不断提高。

根据不同的速度式流量计工作原理差异和计量检定工作的实际需要，JJG 198—1994《速度式流量计》被拆分为JJG 1029—2007《涡街流量计》、JJG 1030—2007《超声流量计》、JJG 1033—2007《电磁流量计》、JJG 1037—2008《涡轮流量计》和JJG 1121—2015《旋进旋涡流量计》。

三、规程制定过程

（1）2010年1月组成规程起草组，并召开了首次起草组会议，就规程包含的内容、主要技术指标等问题进行了讨论，确定了规程起草的主导思想和起草原则，提出修订规程相应条款的实验内容，收集与流量计有关的国家标准、行业标准、技术规范、国际建议以及相关文献资料。OIML R137-1的中文翻译稿由北京市计量检测科学研究院提供，参编企业提供了企业标准。

（2）2010年2月—2010年6月，调研，汇总技术材料，试验工作分配，依据技术文件起草规程初稿。

（3）2010年7月，规程起草组根据首次会议要求，对初稿进行具体讨论，形成了征求意见稿。

（4）2010年10月，以电子邮件形式发出征求意见稿，征求各省检定技术机构和有关制造企业等单位意见。在中国计量协会网站上公示征求意见稿，广泛征求意见。

（5）2011年3月，在成都召开规程征求意见稿研讨会，会议集中一些制造企业、计量部门等单位（共有56个代表参加了会议），面对面征求意见。

（6）2011年10月，形成规程报审稿。

（7）2012年2月，中国计量科学研究院流量室对报审稿进行审查。

（8）2012年11月，中国计量科学研究院热工所对报审稿进行审查。

四、规程制定的主要技术依据

JJF 1002—2010　国家计量检定规程编写规则
JJF 1004—2004　流量计量名词术语及定义
GB 3836.1—2010　爆炸性环境　第 1 部分：设备通用要求
GB 3836.2—2010　爆炸性环境　第 2 部分：由隔爆外壳“d”保护的设备
GB 3836.3—2010　爆炸性环境　第 3 部分：由增安型“e”保护的设备
GB 4208—2008　外壳防护等级（IP 代码）
GB 50251—2003　输气管道工程设计规范
GB/T 13609—2012　天然气取样导则
GB/T 20727—2006　封闭管道中流体流量的测量　热式质量流量计（IDT ISO 14511：2001）
GB/T 17747.2—2011　天然气压缩因子的计算　第 2 部分：用摩尔组成进行计算
GB/T 13610—2014　天然气组分分析　气相色谱法
OIML R137 - 1：2006　气体流量计　第 1 部分（Gas Meters Part 1）

五、规程制定要点说明

（1）按 JJF 1002—2010《国家计量检定规程编写规则》的要求，确定规程结构。

（2）根据目前旋进旋涡流量计技术状况，确定计量等级为 1.0 级、1.5 级、2.0 级和 2.5 级。

（3）根据 OIML R137，引入了“分界流量”概念，准确度等级按 $q_t \leq q \leq q_{max}$ 和 $q_{min} \leq q < q_t$ 流量范围分别给出，使旋进旋涡流量计检定更科学合理。

（4）由于气体旋进旋涡流量计具有温度、压力修正功能，且与旋进旋涡流量计构成一体，特别是温度传感器、压力传感器的相对示值误差直接影响旋进旋涡流量计的测量结果。因此，规定了温度传感器最大允许误差、压力传感器最大允许误差、流量积算仪最大允许误差，增加了温度传感器相对示值误差检定、压力传感器相对示值误差检定、流量积算仪相对示值误差检定项目。

（5）根据旋进旋涡流量计的结构特点、技术指标，确定检定周期一般为 2 年。

（6）根据 JJF 1002—2010《国家计量检定规程编写规则》的要求，在附录 A 中给出了“检定证书/检定结果通知书内页格式”。

第二节　JJG 1121—2015《旋进旋涡流量计》解读

1　范围

本规程适用于旋进旋涡流量计（以下简称流量计）的首次检定、后续检定和使用中检查。

解读：旋进旋涡流量计检定、检查依据此规程。此规程代替 JJG 198—1994《速度式流量计》中旋进旋涡流量计检定部分。

2　引用文件

下列文件所包含的条文通过引用构成本规程的条文。
JJF 1004　流量计量名词术语及定义
GB 3836　爆炸性环境用电气设备
GB 4208　外壳防护等级（IP 代码）
GB 50251　输气管道工程设计规范
GB/T 13609　天然气取样导则
GB/T 13610　天然气组分分析——气相色谱法

GB/T 17747.2—2011 天然气压缩因子的计算 第2部分：用摩尔组成进行计算

GB 17820—2012 天然气

OIML R137 - 1&2：2012 气体流量计（Gas Meters）

凡是注日期的引用文件，仅注日期的版本适用本规程；凡是不注日期的引用文件，其最新版本（包括所有的修改单）适用于本规程。

解读： 此规程中涉及引用文献中的相应条款，而条款内容没出现在规程中，需要时可查找相应文献。

3 术语和计量单位

3.1 术语

本规程除引用 JJF 1004 的术语及定义外，还使用下列术语。

3.1.1 压电传感器 piezoelectric sensor

检测旋涡进动频率的敏感元件。

3.1.2 表体 body of meter

安装旋涡发生体、压电传感器和整流器等部件，并带收缩段和扩散段的管段。

3.1.3 *K* 系数 *K* - Coefficient

单位体积的流体流过流量计时，流量计产生的脉冲数。

3.1.4 标况体积流量 normalized volumetric flowrate

温度为20℃，压力为101.325kPa标准状态下的体积流量。

3.2 计量单位

流量计显示累积流量单位：立方米，符号 m^3；升，符号 L（dm^3）。

流量计显示瞬时流量单位：立方米每小时，符号 m^3/h。

解读： 旋进旋涡流量计表体结构复杂，定义了表体。旋进旋涡流量计直接测量流体的体积流量，在 *K* 系数、计量单位中明确了体积流量。测量气体时，体积流量与气体状况有关，计量交接是在标准状况下的体积流量，定义了标况体积流量。

4 概述

4.1 用途和工作原理

流量计适用于气体、液体流量测量。

流量计采用了旋涡进动频率与流量相关的工作原理（见图1）。流体通过旋涡发生体时被强制围绕表体的中心线旋转，产生的旋涡流经过收缩段的节流作用后得以加速，当旋涡流到达扩散段时，因突然减速导致压力上升，从而产生回流，促使旋涡中心沿一锥形螺旋线形成陀螺式的旋涡进动现象，流体到达下游整流器阻止流体旋转。旋涡进动频率与流量大小成正比。旋涡进动频率由压电传感器检测，压电传感器的检测信号经放大器放大整形后输入到流量积算仪，经流量积算仪计算得到流体流量。

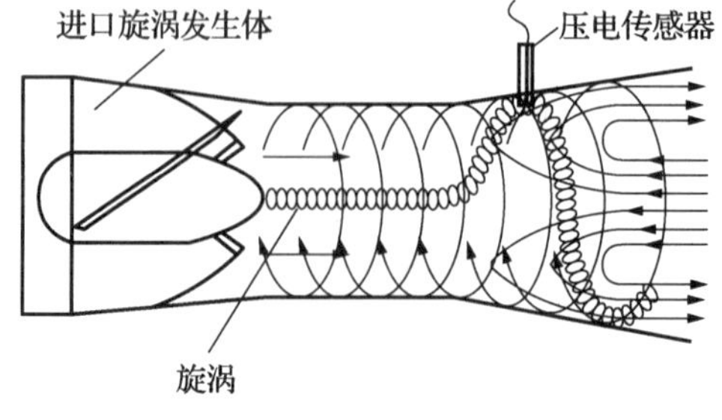

图1 流量计工作原理示意图

4.2　结构

4.2.1　气体流量计

气体流量计一般由流量传感器、温度传感器、压力传感器和流量积算仪组成。流量传感器由壳体、旋涡发生体、压电传感器、整流器、放大器和支架构成，输出流量信号。流量积算仪接受流量传感器、温度传感器、压力传感器信号，计算并显示工况流量和标况流量。

4.2.2　液体流量计

液体流量计一般由流量传感器和流量积算仪组成。流量传感器由壳体、旋涡发生体、压电传感器、整流器、放大器和支架构成，输出流量信号。流量积算仪接受流量传感器信号，计算并显示工况流量。

5　计量性能要求

5.1　准确度等级和最大允许误差

5.1.1　气体流量计

在规定的流量范围内，气体流量计准确度等级及对应工况累积体积流量最大允许误差的具体要求见表1。

表1　气体流量计准确度等级及对应的工况累积体积流量最大允许误差

气体流量计准确度等级		1.0级	1.5级	2.0级	2.5级
工况累积体积流量最大允许误差	$q_t \leq q \leq q_{max}$	±1.0%	±1.5%	±2.0%	±2.5%
	$q_{min} \leq q < q_t$	±2.0%	±3.0%	±4.0%	±5.0%
注：分界流量 q_t 对应的流量≤$0.2q_{max}$。					

5.1.2　液体流量计

在规定的流量范围内，液体流量计准确度等级及对应工况累积体积流量最大允许误差的具体要求见表2。

表2　液体流量计准确度等级及对应的工况累积体积流量最大允许误差

液体流量计准确度等级	1.0级	1.5级	2.0级
工况累积体积流量最大允许误差	±1%	±1.5%	±2.0%

解读：因旋进旋涡流量计是通过检测流体通过旋涡发生体时产生的旋涡个数来直接得到流体累积体积流量，所以，规定了准确度等级对应工况累积体积流量最大允许误差。根据我国产品现状，对液体流量计分1.0级、1.5级、2.0级3个准确度等级，对气体流量计分1.0级、1.5级、2.0级、2.5级4个准确度等级。由气体流量计的流量—误差特性曲线可知，在$0.2q_{max}$至q_{max}的流量范围内误差相近，小于$0.2q_{max}$至q_{max}的流量范围误差变化较大，确定$0.2q_{max}$为分界流量点q_t，将准确度等级及对应工况累积体积流量最大允许误差分别按$q_{min} \leq q < q_t$和$q_t \leq q \leq q_{max}$给出。

5.2　重复性

流量计重复性不得超过工况累积体积流量最大允许误差绝对值的1/3。

解读：流量计工况累积体积流量相对误差是多次测量的平均值，应规定流量计重复性。流量计重复性即测量流量计工况累积体积流量相对误差产生的不确定度，小于最大允许误差绝对值的1/3可忽略。

6　通用技术要求

6.1　外观

6.1.1　在流量计的铭牌或面板、表头等明显部位应留出相应位置来标注制造计量器具许可证和型式批准证书的标志、编号。

6.1.2　流量计的铭牌或面板、表头等明显部位应有最大工作压力。

6.1.3　流量计表体应有永久性、明显的流向标识。

6.1.4　对不允许使用者自行调整的流量计，应采用封闭式结构设计或者留有加盖封印的位置。凡能影响准确度的任何人为机械干扰，都应在流量计或防护标记上产生永久性的有形损坏痕迹。

解读：一份检定证书仅对应唯一型号、规格、编号的流量计。生产企业必须取得制造计量器具许可证方可制造流量计。流量计反向安装不计量。流量计检定后不可调整，否则流量计测量误差不确定。

6.2　密封性

流量计应在最大工作压力下无泄漏。

解读：区别于耐压试验。检定只做密封性检查，型式评价做耐压试验。

7　计量器具控制

本规程适用的计量器具控制包括首次检定、后续检定和使用中检查。

7.1　检定条件

7.1.1　检定用流量标准装置（以下简称装置）

装置应有有效的检定或校准证书。装置不确定度应不大于流量计工况累积体积流量最大允许误差绝对值的1/3。在每个检定流量点的检定过程中，装置压力波动应不超过±0.5%。

解读：有效的装置检定或校准证书证明了装置传递流量计的合法性。装置不确定度应不大于流量计工况累积体积流量最大允许误差绝对值的1/3。在每个检定流量点的检定过程中，装置压力波动应不超过±0.5%，保证检定流量点可靠。

7.1.2　气体流量计工况压力和温度测量

如果气体流量计在示值误差检定时，流量计工况压力和温度测量采用流量计本身配备的传感器，则应事先对其误差（或不确定度）进行确认。

解读：气体流量计检定工况体积流量相对误差，当装置工况换算为流量计工况时，工况压力和温度测量产生的不确定度直接影响流量计检定结果。

7.1.3　检定介质

7.1.3.1　通用条件

检定介质应为单相、稳定、充满装置检定管道、无可见颗粒、纤维等清洁的流体，流体应与实际使用流体的密度、黏度等物理参数相接近。

解读：流量计可测量流体是单相、有压管流，测量流体的密度、黏度等物理参数影响测量结果。

7.1.3.2　检定用液体

在每个检定流量点的每次检定过程中，液体温度变化应不超过±0.5℃。

解读：一次检定时间一般在30s~90s，液体温度变化不超过±0.5℃可实现，且±0.5℃时的液体体积变化产生的不确定度，对1.0级流量计可忽略。

7.1.3.3　检定用气体

检定用气体应无游离水或油等杂质存在。准确度等级不低于1.0级的流量计，在每个检定流量点的每次检定过程中，气体温度的变化应不超过±0.5℃。准确度等级不高于1.5级的流量计，在每个检定流量点的每次检定过程中，气体温度的变化应不超过±1℃。气体为天然气时，天然气品质至少应符合 GB 17820 的要求，天然气相对密度为 0.55～0.80。检定过程中，天然气组分应相对稳定，天然气取样应按 GB/T 13609 执行，天然气组成分析应按 GB/T 13610 执行。

7.1.4　检定环境

7.1.4.1　温度一般为 5℃～40℃；环境相对湿度一般不超过 93%；大气压力一般为 86kPa～106kPa。

7.1.4.2　交流电源电压应为（220±22）V，电源频率应为（50±2.5）Hz。也可根据流量计的要求，使用合适的交流或直流电源。

7.1.4.3　如果试验介质是天然气等可燃性或爆炸性气体时，装置、配套仪表和试验现场都应满足 GB 3836 和 GB 50251 的要求。

7.1.5　流量计安装

7.1.5.1　流量计安装时，流量计的流向标识应与流体流向一致，流量计与装置检定管道轴线方向应一致。流量计安装位置应满足说明书前后直管段要求。

7.1.5.2　流量计与装置检定管道连接部分应没有泄漏，连接处的密封垫应不突入到管道内。

解读：流量计工作原理是基于在与管道同轴、同向，流动状态为紊流的条件下。

7.1.6　每次检定时间应不少于装置和流量计允许的最短测量时间。

解读：装置的不确定度与最短测量时间有关，当一次检定时间少于最短测量时间时，装置的不确定度扩大，流量计的误差也会增加。

7.1.7　一次检定中累积流量计输出的脉冲数不得少于流量计工况累积体积流量最大允许误差绝对值倒数的 10 倍。

解读：忽略装置累积脉冲数产生的不确定度。

7.2　检定项目和检定方法

7.2.1　首次检定、后续检定和使用中检查项目见表 3。

表 3　检定项目

序号	检 定 项 目	首次检定	后续检定	使用中检查
1	外观	+	+	+
2	密封性	+	+	+
3	示值误差	+	+	+
4	重复性	+	+	+
注：“+”表示需检定或检查。				

7.2.2　外观检查

用目测方法检查流量计外观，应符合 6.1 的要求。

7.2.3　流量计工况累积体积流量示值误差、重复性检定

7.2.3.1　检定流量点及每个流量点的检定次数

检定流量点至少应包含 q_{max}、$0.5q_{max}$、$0.2q_{max}$ 和 q_{min}。每个流量点的每次检定流量与设定流量的偏差应不超过设定流量的 ±5%。每个流量点的检定次数应不少于 3 次。

解读：q_{max}、$0.5q_{max}$、$0.2q_{max}$ 和 q_{min} 流量点可反应流量计的流量—误差特性曲线变化，检定次数不少于 3 次，可代表流量计正常测量状态，便于计算重复性。

7.2.3.2 检定方法

a）安装时，流量计标识的流向应与流体流向一致，流量计应与装置检定管道轴线方向一致，安装位置应满足说明书前后直管段的要求。流量计与装置检定管道连接部分应没有泄漏，连接处的密封垫应不突入管道内。

b）接通流量计、计时器和计数器的电源，按流量计使用说明书中的方法检查流量计参数设置。

c）将装置流量调到 $0.7q_{max} \sim q_{max}$，至少流通 5min，直至流体温度、压力和流量稳定。

d）示值误差检定，检定流量点至少选择 q_{min}、q_t、$0.5q_{max}$ 和 q_{max}，除 q_{min}、q_t 和 q_{max} 应分别控制在（1～1.1）q_{min}、（1～1.1）q_t、和（0.9～1）q_{max} 外，其他检定流量点均应在设定流量点的 ±5% 内。每个检定流量点至少检定 3 次。

e）将装置流量设置或调整至检定流量点，控制装置和流量计同时开始测量，经一段时间后，控制装置和流量计同时停止测量，记录装置给出流量 $(Q_s)_{ij}$、流量计测量值 Q_{ij}。对于气体流量计，还应测量装置处和流量计处的介质温度 T_s、T_m 和介质压力 p_s、p_m。

f）计算第 i 检定流量点第 j 次检定的流量计示值误差，至少重复检定 2 次，计算得到第 i 检定流量点的示值误差和重复性。转入下一个检定流量点，直至完成所有检定流量点的检定。

g）对于气体流量计所配用的压力传感器、温度传感器和流量积算仪，检查相应的证书是否符合其产品说明书或明示的技术要求，也可按相应的规程进行试验验证。

解读：气体流量计所配用的压力传感器、温度传感器和流量积算仪应有检定或校准证书，一机多检/校。没有压力传感器、温度传感器和流量积算仪检定或校准证书，具备条件的实验室，也可按相应的规程进行试验验证。

7.2.4 数据处理

7.2.4.1 第 i 检定流量点第 j 次检定的流量计示值误差

第 i 检定流量点第 j 次检定的流量计示值误差按式（1）～式（3）计算。

$$E_{ij} = \frac{Q_{ij} - (Q_s)_{ij}}{(Q_s)_{ij}} \times 100\% \tag{1}$$

式中：

E_{ij}——第 i 检定流量点第 j 次检定的流量计测量工况累积体积流量相对示值误差，%；

Q_{ij}——第 i 检定点第 j 次检定的流量计测量工况累积体积流量，m^3；

$(Q_s)_{ij}$——第 i 检定点第 j 次检定的装置给出工况累积体积流量换算到流量计工况累积体积流量，m^3。

对于气体流量计，$(Q_s)_{ij}$ 按式（2）计算。

$$(Q_s)_{ij} = (V_s)_{ij} \frac{T_m}{T_s} \cdot \frac{p_s}{p_m} \cdot \frac{z_m}{z_s} \tag{2}$$

式中：

T_s，T_m——第 i 检定流量点第 j 次检定的装置工况和流量计工况气体温度，K；

p_s，p_m——第 i 检定流量点第 j 次检定的装置工况和流量计工况绝对压力，Pa；

$(V_s)_{ij}$——第 i 检定流量点第 j 次检定的装置工况累积流量，m^3；

z_s，z_m——第 i 检定流量点第 j 次检定的装置工况和流量计工况气体压缩因子。

注：装置与流量计间的压差小于 1 个大气压力时，可认为 $z_s = z_m$。

Q_{ij} 按式（3）计算。

$$Q_{ij} = N_{ij}/K \tag{3}$$

式中：

K——流量计的 K 系数；

N_{ij}——第 i 检定流量点第 j 次检定的流量计输出脉冲数。

7.2.4.2　第 i 检定流量点的流量计示值误差

第 i 检定流量点的流量计示值误差按式（4）计算。

$$E_i = \frac{1}{n}\sum_{j=1}^{n} E_{ij} \tag{4}$$

式中：

E_i——第 i 个检定流量点的流量计工况累积体积流量相对示值误差,%；

n——第 i 个检定流量点的检定次数。

7.2.4.3　流量计示值误差 E

对于液体流量计，取所有检定流量点的流量计工况累积体积流量相对示值误差绝对值的最大值作为流量计示值误差。

对于气体流量计，分别取高区 $q_t \leq q \leq q_{max}$ 和低区 $q_{min} \leq q < q_t$ 流量范围内各检定流量点的流量计示值误差绝对值的最大值，分别作为高区和低区流量范围内的流量计示值误差。

7.2.4.4　第 i 检定流量点的流量计重复性

第 i 检定流量点的流量计重复性按式（5）计算。

$$(E_r)_i = \left[\frac{1}{(n-1)}\sum_{j=1}^{n}(E_{ij} - E_i)^2\right]^{\frac{1}{2}} \tag{5}$$

式中：

$(E_r)_i$——第 i 检定流量点的流量计重复性,%。

7.2.4.5　流量计重复性 E_r

对于液体流量计，取所有检定流量点的重复性最大值作为流量计的重复性。

对于气体流量计，取高区 $q_t \leq q \leq q_{max}$ 和低区 $q_{min} \leq q < q_t$ 流量范围内各检定流量点的流量计重复性最大值，作为高区和低区的流量计重复性。

7.3　检定结果处理

经检定合格的流量计发给检定证书。经检定不合格的流量计发给检定结果通知书，并注明不合格项目。检定证书及检定结果通知书内容要求见附录 A。

解读：检定证书证明流量计符合相应准确度等级要求，发检定结果通知书是表明流量计不符合相应准确度等级要求。

7.4　检定周期

流量计的检定周期一般不超过 2 年。

解读：检定周期最长为 2 年。

附录 A　　检定证书/检定结果通知书内页格式

A.1　检定证书内页格式

A.1.1　检定证书内页格式

<table>
<tr><td colspan="6">证书编号××××—××××</td></tr>
<tr><td colspan="6">检定机构授权说明</td></tr>
<tr><td colspan="6">检定环境条件及地点：</td></tr>
<tr><td>温　　度</td><td>℃</td><td>地　　点</td><td colspan="3"></td></tr>
<tr><td>相对湿度</td><td>%</td><td>大气压力</td><td>kPa</td><td>检定介质</td><td></td></tr>
<tr><td>介质温度</td><td>℃</td><td></td><td></td><td>介质压力</td><td>kPa</td></tr>
</table>

续表

检定使用的流量标准装置				
名　　称	测量范围	不确定度/准确度等级/最大允许误差	计量标准证书编号	有效期至
检定使用的标准器				
名　　称	测量范围	不确定度/准确度等级/最大允许误差	计量标准证书编号	有效期至
检定依据：	JJG 1121—2015《旋进旋涡流量计》			

A.1.2　检定项目及检定结果

序号	检 定 项 目	检　定　结　果
1	外观	
2	密封性	
3	示值误差	
4	重复性	
检定结论（准确度等级）：		

A.2　检定结果通知书（内页）格式参照以上内容，并给出不合格项，检定结论为不合格。

附录 B　使用气体流量计 *K* 系数计算工况累积量示值误差

B.1　流量计 *K* 系数的计算

每个检定流量点每次检定气体流量计 *K* 系数按式（B.1）计算。

$$K_{ij}=\frac{N_{ij}}{V_{ij}}\frac{[(p_a)_{ij}+(p_m)_{ij}][273.15+(\theta_s)_{ij}](Z_s)_{ij}}{[(p_a)_{ij}+(p_s)_{ij}][273.15+(\theta_m)_{ij}](Z_m)_{ij}} \tag{B.1}$$

式中：

K_{ij}——第 i 检定流量点第 j 次检定的流量计 *K* 系数，$(m^3)^{-1}$ 或 L^{-1}；

N_{ij}——第 i 检定流量点第 j 次检定的流量计显示脉冲数；

V_{ij}——第 i 检定流量点第 j 次检定的装置给出介质工况体积，m^3 或 L；

i——1、2、…m，m 为检定流量点数，$m\geqslant3$；

j——1、2、…n，n 为检定流量点的检定次数，$n\geqslant3$。

$(p_a)_{ij}$,$(p_m)_{ij}$,$(p_s)_{ij}$——分别为第 i 检定流量点第 j 次检定大气压力、流量计处和装置处介质表压力，Pa。

$(\theta_s)_{ij}$，$(\theta_m)_{ij}$——分别为第 i 检定流量点第 j 次检定的装置处和流量计处介质温度，℃；

$(Z_m)_{ij}$，$(Z_s)_{ij}$——分别为第 i 检定流量点第 j 次检定的流量计处和装置处介质压缩系数。

每个检定流量点每次检定液体流量计 *K* 系数按式（B.2）计算。

$$K_{ij}=\frac{N_{ij}}{V_{ij}}\{1+\beta[(\theta_s)_{ij}-(\theta_m)_{ij}]\}\{1-\kappa[(p_s)_{ij}-(p_m)_{ij}]\} \tag{B.2}$$

式中：

β——检定液体在检定状态下的体膨胀系数；

$(\theta_s)_{ij}$，$(\theta_m)_{ij}$——第 i 检定流量点第 j 次检定的装置处和流量计处的介质温度，℃；

κ——检定液体在检定状态下的压缩系数；

$(p_s)_{ij}$，$(p_m)_{ij}$——第 i 检定流量点第 j 次检定的装置处和流量计处的介质表压力，Pa。

注：当装置与流量计间温度、压力的差，引起流体体积的相对变化量小于流量计工况累积体积流量相对误差的1/10时，计算流量计 K 系数时，可不做温度、压力的修正，此时上式变为式（B.3）。

$$K_{ij}=\frac{N_{ij}}{V_{ij}} \tag{B.3}$$

每个检定流量点的流量计 K 系数按式（B.4）计算。

$$K_i=\frac{1}{n}\sum_{j=1}^{n}K_{ij} \tag{B.4}$$

式中：

K_i——检定流量点 K 系数，$(m^3)^{-1}$ 或 L^{-1}；

n——检定流量点的检定次数。

流量计的 K 系数按式（B.5）计算。

$$K=\frac{(K_i)_{max}+(K_i)_{min}}{2} \tag{B.5}$$

式中：

K——流量计的 K 系数，$(m^3)^{-1}$ 或 L^{-1}；

$(K_i)_{max}$——流量计在 $q_t \leqslant q \leqslant q_{max}$ 流量范围各检定流量点得到的 K_i 中的最大值，$(m^3)^{-1}$ 或 L^{-1}；

$(K_i)_{min}$——流量计在 $q_t \leqslant q \leqslant q_{max}$ 流量范围各检定流量点得到的 K_i 中的最小值，$(m^3)^{-1}$ 或 L^{-1}。

B.2　流量计工况累积体积流量相对示值误差的计算

在 $q_t \leqslant q \leqslant q_{max}$ 流量范围内的流量计工况累积体积流量相对示值误差按式（B.6）计算。

$$E=\frac{(K_i)_{max}-(K_i)_{min}}{(K_i)_{max}+(K_i)_{min}} \tag{B.6}$$

式中：

E——流量计工况累积体积流量相对示值误差。

在 $q_t \leqslant q \leqslant q_{max}$ 流量范围内的流量计工况累积体积流量相对示值误差按式（B.7）计算。

$$E=\frac{K_i-K}{K} \tag{B.7}$$

第三节　JJF 1554《旋进旋涡流量计型式评价大纲》编写说明

一、任务来源

根据2009年国家质量监督检验检疫总局下发的国质检量函〔2009〕393号文件和全国流量容量计量技术委员会关于国家计量检定大纲制定、修订工作的通知，《旋进旋涡流量计型式评价大纲》列入2009—2010年国家计量检定大纲制定计划。

JJF 1554—2015《旋进旋涡流量计型式评价大纲》由中国计量科学研究院、浙江省计量科学研究院负责主起草。参加起草单位包括：北京市计量检测科学研究院、湖南省计量检测研究院、中国石化集团公司流量计量检定站、江苏省质量技术监督气体流量计量检测中心和辽宁省计量科学研究院。

二、大纲制定的必要性

近年来，旋进旋涡流量计制造技术的快速发展、结构型式改变、技术指标的提高。特别是旋进旋涡流量计应用领域不断扩大，涉及电子、石油、化工、环保等行业。对旋进旋涡流量计型式评价工作的要求不断提高，因此，迫切需要制定统一的旋进旋涡流量计的型式评价大纲。

三、大纲制定过程

（1）2010 年 1 月组成大纲起草组，并召开了首次起草组会议，确定了起草大纲应遵循可行性原则，就大纲主要技术指标等问题进行了讨论。

（2）2010 年 2 月—2010 年 6 月，收集与流量计有关的国家标准、行业标准、技术规范、国际建议以及其他文献资料。

OIML R137 - 1 的中文翻译稿由北京市计量检测科学研究院提供，参编企业提供了企业标准。

（3）2010 年 7 月—2010 年 9 月，调研、试验工作，汇总技术材料和任务分工，依据技术文件起草大纲初稿。

（4）2010 年 10 月—2011 年 2 月，大纲起草组根据首次会议要求，对初稿进行讨论，形成了征求意见稿。广泛征求。以电子邮件发出征求意见稿，征求各省检定技术机构和有关制造企业等单位意见。在中国计量协会网站上公示征求意见稿，最广泛地征求意见。

（5）2011 年 3 月，在成都召开大纲征求意见稿研讨会，参加会议人员有制造企业、计量部门等单位共 56 人，会议上，面对面地广泛征求意见。

（6）2011 年 4 月—2011 年 6 月，形成大纲报审稿。

（7）2012 年 2 月，中国计量科学研究院流量室对报审稿进行审查。

（8）2012 年 11 月，中国计量科学研究院热工所对报审稿进行审查。

（9）2014 年 4 月，全国流量容量计量技术委员会对报审稿进行审查。

四、大纲制定的主要技术依据及原则

1. 大纲制定的主要技术依据

JJF 1015—2014　计量器具型式评价通用规范

JJF 1016—2014　计量器具型式评价大纲编写导则

JJG 1121—2015　旋进旋涡流量计

GB/T 2423. 1　电工电子产品环境试验　第 2 部分：试验方法　试验 A：低温

GB/T 2423. 2　电工电子产品环境试验　第 2 部分：试验方法　试验 B：高温

GB/T 2423. 3　电工电子产品环境试验　第 2 部分：试验方法　试验 Cab：恒定湿热试验方法

GB/T 2423. 10　电工电子产品环境试验　第 2 部分：试验方法　试验 Fc：振动（正弦）

GB/T 17626. 2　电磁兼容　试验和测量技术　静电放电抗扰度试验

GB/T 17626. 3　电磁兼容　试验和测量技术　射频电磁场辐射抗扰度试验

GB/T 17626. 4　电磁兼容　试验和测量技术　电快速瞬变脉冲群抗扰度试验

GB/T 17626. 5　电磁兼容　试验和测量技术　浪涌（冲击）抗扰度试验

GB/T 17626. 11　电磁兼容　试验和测量技术　电压暂降、短时中断和电压变化的抗扰度试验

2. 大纲制定的原则

起草小组遵循科学性、可操作性的原则。

五、大纲制定要点说明

（1）按 JJF 1016—2014《国家计量器具型式评价大纲编写导则》的要求，确定大纲结构。

（2）根据 JJF 1015—2014《计量器具型式评价通用规范》和目前旋进旋涡流量计技术状况，确定了法制管理要求、随机文件、外观、密封性、计量性能、耐压强度、绝缘电阻、绝缘强度、防爆性能、防护性能、贮存环境、电磁兼容、计量性能复测的评价项目。

（3）给出附录 A“旋进旋涡流量计型式评价原始记录内容（参考）”使大纲更有实用性。

第四节 JJF 1554—2015《旋进旋涡流量计型式评价大纲》解读

1 范围

本型式评价大纲适用于分类编码为 12181000 的旋进旋涡流量计（以下简称流量计）的型式评价。

解读：旋进旋涡流量计原属 JJG 198《速度式流量计》的一种，根据其工作使用特点，旋进旋涡流量计与电磁流量计等一样从其中单列出来，制定检定规程和型式评价大纲。

2 引用文件

本规范引用了下列文件：

JJF 1004 流量计量名词术语及定义

GB/T 2423.1 电工电子产品环境试验 第 2 部分：试验方法 试验 A：低温

GB/T 2423.2 电工电子产品环境试验 第 2 部分：试验方法 试验 B：高温

GB/T 2423.3 电工电子产品环境试验 第 2 部分：试验方法 试验 Cab：恒定湿热试验

GB/T 2423.10 电工电子产品环境试验 第 2 部分：试验方法 试验 Fc：振动（正弦）

GB 4208 外壳防护等级（IP 代码）

GB/T 17626.2 电磁兼容 试验和测量技术 静电放电抗扰度试验

GB/T 17626.3 电磁兼容 试验和测量技术 射频电磁场辐射抗扰度试验

GB/T 17626.4 电磁兼容 试验和测量技术 电快速瞬变脉冲群抗扰度试验

GB/T 17626.5 电磁兼容 试验和测量技术 浪涌（冲击）抗扰度试验

GB/T 17626.11 电磁兼容 试验和测量技术 电压暂降、短时中断和电压变化的抗扰度试验

凡是注日期的引用文件，仅注日期的版本适用于本规范；凡是不注日期的引用文件，其最新版本（包括所有的修改单）适用于本规范。

解读：引用文献中均为通用性标准或规范，相关的国家标准正在制定中。

3 术语

本规范除引用 JJF 1004 中的术语及定义外，还采用下列术语。

3.1 压电传感器 piezoelectric sensor

检测旋涡进动频率的敏感元件。

3.2 表体 body of meter

安装旋涡发生体、压电传感器和整流器等部件，并带收缩段和扩散段的管段。

3.3 *K* 系数 *K* - Coefficient

单位体积的流体流过流量计时，流量计产生的脉冲数。

3.4 标况体积流量 normalized volumetric flowrate

温度为 20℃，压力为 101.325kPa 标准状态下的体积流量。

4 概述

4.1 用途

流量计适用于气体和液体流量测量。

4.2 工作原理

流量计采用了旋涡进动频率与流量相关的工作原理，如图 1 所示。流体通过旋涡发生体被强制

围绕表体的中心线旋转，产生的旋涡流经过收缩段的节流作用后得以加速，当旋涡流到达扩散段时，因突然减速导致压力上升，从而产生回流，促使旋涡中心沿一锥形螺旋线形成陀螺式的旋涡进动现象，流体到达下游整流器阻止流体旋转。旋涡进动频率与流量大小成正比。旋涡进动频率由压电传感器检测，压电传感器的检测信号经放大器放大整形后输入到流量积算仪，经流量积算仪计算得到流体流量。

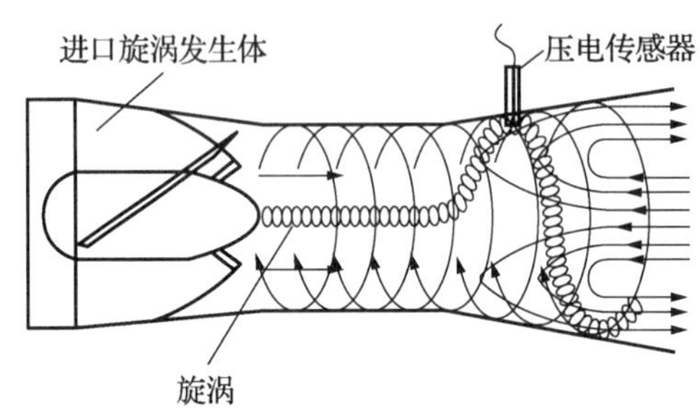

图1　流量计工作原理示意图

4.3　结构

4.3.1　气体流量计

气体流量计一般由流量传感器、温度传感器、压力传感器和流量积算仪组成。流量传感器由壳体、旋涡发生体、压电传感器、整流器、放大器和支架构成，输出流量信号。流量积算仪接受流量传感器、温度传感器、压力传感器信号，计算并显示工况流量和标况流量。

4.3.2　液体流量计

液体流量计一般由流量传感器和流量积算仪组成。流量传感器由壳体、旋涡发生体、压电传感器、整流器、放大器和支架构成，输出流量信号。流量积算仪接受流量传感器信号，计算并显示工况流量。

5　法制管理要求

5.1　计量单位

流量计显示累积流量单位：立方米、升，符号 m^3、L。

流量计显示瞬时流量单位：立方米每小时、升每秒，符号 m^3/h、L/s。

5.2　外部结构设计

不允许使用者自行调整的流量计，应采用封闭式结构设计或者留有加盖封印的位置。凡能影响准确度的任何人为干扰，都将在流量计或防护标记上产生永久性的有形损坏痕迹。

解读：根据用途判定其是否为依法管理的流量计量器具。作为组成流量计一部分的流量积算仪，直接按设置的 *K* 系数计算并显示流量。电子显示的积算仪既可设计成与传感器一体化，也可单独连接安装，同时又可接入温度、压力传感器等补偿修正系统，这些都可能影响流量计的准确度，因此可以是防护的重点部位。所谓人为干扰后应产生永久性的有形损坏痕迹，既包含机械结构的痕迹，也指电子密钥式的痕迹（改动的前后内容、改动的时间、改动的授权代码人员）。

5.3　标志

5.3.1　在流量计的铭牌或面板、表头等明显部位应留出相应位置来标注制造计量器具许可证和型式批准证书的标志、编号。

解读：根据 JJF 1016—2014《计量器具型式评价大纲编写导则》的规定和相关法规的修改趋势，流量计应加注型式批准的标志和编号，这更能清晰反映具体产品型式的许可，也是与国际接轨的标识内容。

5.3.2　流量计的铭牌或面板、表头等明显部位应有最大工作压力。

5.3.3　流量计表体应有永久性、明显的流向标识。

6　计量性能要求

6.1　准确度等级和最大允许误差

6.1.1　气体流量计

在规定的流量范围内，气体流量计准确度等级及对应的工况累积体积流量最大允许误差的具体要求见表1。

表1　气体流量计准确度等级及对应的工况累积体积流量最大允许误差

气体流量计准确度等级		1.0级	1.5级	2.0级	2.5级
工况累积体积流量最大允许误差	$q_t \leq q \leq q_{max}$	±1.0%	±1.5%	±2.0%	±2.5%
	$q_{min} \leq q < q_t$	±2.0%	±3.0%	±4.0%	±5.0%
注：分界流量 q_t 对应的流量一般为 $0.2q_{max}$。					

解读：流量计以工况下体积的计量性能来表征。最大允许误差气体流量计的流量范围由分界流量 q_t 将其分为高区（$q_t \leq q \leq q_{max}$）和低区（$q_{min} \leq q < q_t$），用不同的最大允许误差，扩大流量计使用范围度。分界流量取 $0.2q_{max}$ 的情况较多。

部分气体流量计的显示有标况体积数字，现有结算方式也多按标况体积。标况体积的不确定度除了与流量计仪表系数外，也与配套使用作补偿修正的温度压力传感器的准确度相关，应另作分析评估。由于现有产品各标准未对所用温度、压力传感器及相应软件做规定，大纲暂未规定对这些部件或软件的要求。

6.1.2　液体流量计

在规定的流量范围内，液体流量计准确度等级及对应的工况累积体积流量最大允许误差的具体要求见表2。

表2　液体流量计准确度等级及对应的工况累积体积流量最大允许误差

准确度等级	1.0级	1.5级	2.0级
工况累积体积流量最大允许误差	±1%	±1.5%	±2.0%

解读：液体流量计的流量范围不分区，采用统一的最大允许误差。由于液体的不可压缩性，也不存在用标况还是工况的问题。

6.2　重复性

流量计重复性不得超过工况累积体积流量的最大允许误差绝对值的1/3。

7　通用技术要求

7.1　密封性

流量计应能承受静压力为最大工作压力的密封性试验，历时5min，无泄漏。

7.2　耐压强度

流量计表体应能承受试验压力为1.5倍最大工作压力（或产品铭牌标示的更大压力参数）下的耐压强度试验，试验期间流量计各连接部分应无泄漏、破损。

解读：部分制造商在产品标准中将流量计表体的耐压强度称为公称压力，该值一般远大于流量计的最大工作压力。型式评价时一般按1.5倍最大工作压力即可，如果制造商在产品铭牌标示了不同的压力，则选最大值（一般为流量计公称压力）的1.5倍进行耐压强度试验。

7.3　绝缘电阻

流量计的电源端子与接地端子、输出端子与接地端子之间的绝缘电阻，其值应不小于表3的要求。

表3　绝缘电阻要求

额定电压或者标称电压	直流试验电压	绝缘电阻
交流130V～250V，50Hz	100V	20MΩ
直流≤60V	500V	7MΩ

7.4　绝缘强度

流量计的电源端子与接地端子、输出端子与接地端子之间应能承受表4要求的试验电压和频率，历时1min，无击穿或飞弧现象产生。

表4　绝缘强度要求

额定电压或者标称电压	试验电压（正弦交流电）
交流130V～250V，50Hz	1.5kV
直流≤60V	0.5kV

7.5　防爆性能

用于爆炸性气体环境的流量计，应取得具有资质的防爆检验机构签发的防爆试验报告和颁发的防爆合格证书。

解读：根据申请书和申请资料来确定，并在型式评价报告中最终确定。

7.6　外壳防护性能

流量计应符合产品标准中规定的防护等级要求。在进行规定等级的防尘防水试验后，复查流量计的功能，应正常。

解读：制造商按流量计用途和使用场合在产品标准中参考GB 4208确定防水防尘等级。型式评价时以此等级为依据进行试验。IP代码特征数字中前一位代表防尘等级、第二位代表防水等级，数字越大，严酷等级越高，0代表无防护要求。各数字详细含义详见GB 4208。

7.7　贮存环境

流量计在包装条件下进行以下规定的贮存环境试验后，对流量计的计量性能复测$0.2q_{max}$试验流量点下的示值误差，仍应符合本规范第6章的要求。

7.7.1　低温

按GB/T 2423.1中“试验Ad”相关要求进行，低温-20℃，持续2h。

7.7.2　高温

按GB/T 2423.2中“试验Bd”相关要求进行，高温55℃，持续2h。

7.7.3　恒定湿热

按GB/T 2423.3中“试验Cab”相关要求进行，温度40℃、相对湿度93%，持续48h。

7.7.4　振动

按GB/T 2423.10中“试验Fc”相关要求进行。在互相垂直的3个轴向正弦波振动，频率范围为1Hz～100Hz、振动幅度0.75mm，每个轴向1h。

解读：根据JJF 1016—2014《计量器具型式评价编写导则要求》，受评价试验的计量器具应在进行环境适应性试验，即在规定的高低温、湿热及振动条件下进行计量性能的试验评估，有一些是对电子部件的评估。这种试验要求对一体式旋进旋涡流量计和流量标准装置实现起来有很大困难，大纲参照

GB/T 2423 的几个相关标准进行贮存环境试验来替代也一定程度上反映流量计对环境的适应能力。

7.8　电磁兼容适应性

电磁环境试验包括静电放电抗扰度、射频电磁场辐射抗扰度、电快速瞬变脉冲群抗扰度、浪涌（冲击）抗扰度、电压暂降、短时中断和电压变化抗扰度试验。

在规定的试验条件下，试验过程中和试验完成后，流量计都应工作正常，并保持正常的功能，不允许下列与正常工作有关的功能降低：

——器件故障或非预期的动作；

——已存储数据的改变或丢失；

——工厂默认值的复位；

——运行模式的改变；

——数据显示的混乱或错误；

——键盘操作失效。

7.8.1　静电放电抗扰度

按 GB/T 17626.2 中的相关要求进行，试验等级为 3 级。

7.8.2　射频电磁场辐射抗扰度

按 GB/T 17626.3 中的相关要求进行，试验等级为 3 级。

7.8.3　电快速瞬变脉冲群抗扰度

仅适用于交流供电的流量计。

按 GB/T 17626.4 中的相关要求进行，试验等级为 3 级。

7.8.4　浪涌（冲击）抗扰度

仅适用于交流供电的流量计。

按 GB/T 17626.5 中的相关要求进行，试验等级为 2 级。

7.8.5　电源中断

仅适用于直流供电的流量计。

按 GB/T 17626.11 中的相关要求进行，试验等级为 0% UT。

8　型式评价项目表

流量计型式评价项目一览表见表 5。

表 5　流量计型式评价项目一览表

序号	项目名称		技术要求	评价方式	评价方法
1	法制管理要求		5	观察	
2	计量性能要求		6	试验	10.1
3	密封性		7.1	试验	10.2
4	耐压强度		7.2	试验	10.3
5	绝缘电阻		7.3	试验	10.4
6	绝缘强度		7.4	试验	10.5
7	外壳防护性能		7.6	试验	10.6
8	贮存环境	低温	7.7.1	试验	10.7
		高温	7.7.2	试验	
		恒定湿热	7.7.3	试验	
		振动	7.7.4	试验	
9	电磁兼容	静电放电抗扰度	7.8.1	试验	10.8.1
		射频电磁场辐射抗扰度	7.8.2	试验	10.8.2
		电快速瞬变脉冲群抗扰度	7.8.3	试验	10.8.3
		浪涌（冲击）抗扰度	7.8.4	试验	10.8.4
		电源中断	7.8.5	试验	10.8.5

解读：除防护性能和电磁环境试验放在最后外，其余试验无明确的顺序要求。

9 提供样机的数量及样机使用方式

9.1 申请单位应提供的试验样机

按单一产品申请型式评价，样机数量一般为3台。

按系列产品申请的，每一个系列产品中抽取1/3有代表性的规格产品；每种规格的流量计，公称口径不大于100mm的流量计应提供3台样机；公称口径超过100mm的流量计应提供2台样机。

负责型式评价的技术机构可要求提供更多的流量计或其部件进行试验。

解读：根据JJF 1016—2014的要求，系列产品是指测量原理相同、结构相似外，满足“准确度相同，测量范围不同”或“准确度不同，测量区间相同且结构类似”的条件。旋进旋涡流量计系列产品的积算仪均相同，主要对测量传感器依照来判断。

9.2 样机使用方式

除防护性能和电磁环境试验使用1台样机并安排在最后进行试验外，其余样机应进行所有项目的评价。

耐压强度试验和防护性能试验可以另外提供样机或部件进行试验。

如果系列产品的组成中除外壳和流量传感器外的其他部件均相同，则其电磁兼容适应性项目可以一种代表性的规格进行试验。

10 型式评价的条件和方法

10.1 计量性能试验

10.1.1 试验目的

检验流量计的示值误差是否符合要求。

10.1.2 试验设备

10.1.2.1 流量标准装置（以下简称装置）

型式评价试验所用装置一般为音速喷嘴气体流量标准装置（适用于气体流量计）和液体流量标准装置（适用于液体流量计），装置应有有效的检定或校准证书。装置的不确定度（$k=2$）应不大于流量计工况累积体积流量最大允许误差绝对值的1/3，装置能力应克服流量计压力损失后，覆盖流量计的工况流量范围。在每个流量点的试验过程中，装置压力波动应不超过±0.5%。

解读：相对于其他形式的流量计，旋进旋涡流量计的压力损失较大，因此对所选择的标准装置应充分考虑这一特性，达到流量计的最大流量要求。

10.1.2.2 气体流量计处介质压力、温度测量

气体流量计在示值误差试验时，如果流量计工况压力和温度测量采用流量计本身配备的压力传感器和温度传感器，流量计本身配备的压力传感器和温度传感器应有有效的检定/校准证书。

10.1.2.3 每次试验时间

每次试验时间应不少于装置允许的最短测量时间。

10.1.2.4 累积脉冲数

脉冲输出的流量计，一次试验中装置累积脉冲数应不少于流量计工况累积体积流量最大允许误差绝对值倒数的10倍。

10.1.2.5 计算软件

气体流量计在示值误差试验时，如果采用与流量计试验相关计算软件和试验设备，计算软件和试验设备应有有效的检定或校准证书。

10.1.3 试验介质

10.1.3.1 通用条件

试验介质应为单相、稳定、充满装置试验管道、无可见颗粒、纤维等的清洁的流体，流体应与实际使用流体的密度、黏度等物理参数相接近。

10.1.3.2　试验用液体

在每个试验流量点的每次试验过程中，液体温度变化应不超过±0.5℃。

10.1.3.3　试验用气体

试验用气体应无游离水或油等杂质存在。准确度等级不低于1.0级的流量计，在每个试验流量点的每次试验过程中，气体温度的变化应不超过±0.5℃。准确度等级不高于1.5级的流量计，在每个流量点的每次试验过程中，气体温度的变化应不超过±1℃。气体为天然气时，天然气气质至少应符合GB 17820的要求，天然气相对密度为0.55～0.80。试验过程中，天然气组分应相对稳定，天然气取样应按GB/T 13609执行，天然气组成分析应按GB/T 13610执行。

10.1.4　试验环境

10.1.4.1　温度一般为5℃～40℃；环境相对湿度一般不超过93%；大气压力一般为86kPa～106kPa。

10.1.4.2　交流电源电压应（220±22）V，电源频率应（50±2.5）Hz。也可根据流量计的要求，使用合适的交流或直流电源。

10.1.4.3　如果试验介质是天然气等可燃性或爆炸性气体时，装置、配套仪表和试验现场都应满足GB 3836和GB 50251的要求。

10.1.5　试验程序

a）流量计安装时，流量计标识的流向应与流体流向一致，流量计轴线应与装置管道轴线方向一致，安装位置应满足说明书前、后直管段的要求。流量计与装置试验管道连接部分应不渗漏，连接处的密封垫应不突入试验管道内。

b）接通流量计和装置的电源，按流量计使用说明书中的方法检查流量计参数设置。

c）将装置流量调到$0.7q_{max}\sim q_{max}$，至少流通5min，直至流体温度、压力和流量稳定。

d）示值误差试验流量点q_i至少应包含q_{max}、$0.5q_{max}$、$0.2q_{max}$和q_{min}。除q_{min}、$0.2q_{max}$和q_{max}应分别控制在$(1\sim1.1)q_{min}$、$(1\sim1.1)0.2q_{max}$和$(0.9\sim1)q_{max}$外，其他点均应在设定流量的±5%内。每个试验点的试验次数应不少于3次。

e）将装置流量设置或调整至所试验流量点，控制装置和流量计同时开始流量测量，经一段时间后，控制装置和流量计同时停止测量，记录装置给出流量、流量计测量值。对于气体流量计，还应测量读取装置处和流量计处的介质温度和介质压力，计算第i试验流量点第j次试验的示值误差。

f）至少重复测量2次（或更多次），计算第i试验流量点的示值误差和重复性。转入下一个试验流量点的试验，直至完成所有试验流量点的试验。

10.1.6　数据处理

10.1.6.1　第i试验流量点，第j次试验的流量计工况累积体积流量相对示值误差

第i次试验流量点，第j次试验的流量计工况累积体积流量相对示值误差按式（1）～（3）计算。

$$E_{ij}=\frac{Q_{ij}-(Q_s)_{ij}}{(Q_s)_{ij}}\times100\% \tag{1}$$

式中：

E_{ij}——第i试验流量点第j次试验的流量计工况累积体积流量相对示值误差,%；

Q_{ij}——第i试验流量点第j次试验的流量计测量的工况累积体积流量，m^3；

$(Q_s)_{ij}$——第i试验点第j次试验的装置给出工况累积体积流量换算到样机工况累积体积流量，m^3。

对于气体流量计，$(Q_s)_{ij}$按式（2）计算。

$$(Q_s)_{ij}=(V_s)_{ij}\frac{T_m}{T_s}\cdot\frac{p_s}{p_m}\cdot\frac{z_m}{z_s} \tag{2}$$

式中：

T_s，T_m——第 i 试验流量点第 j 次试验的装置工况和流量计工况气体温度，K；

p_s，p_m——第 i 试验流量点第 j 次试验的装置工况和流量计工况绝对压力，Pa；

$(V_s)_{ij}$——第 i 试验流量点第 j 次试验的装置工况累积流量，m^3；

z_s，z_m——第 i 试验流量点第 j 次试验的装置工况和流量计工况气体压缩因子。

注：装置与流量计间的压差小于 1 个大气压力时，可认为 $z_s = z_m$。

Q_{ij}按式（3）计算。

$$Q_{ij} = N_{ij}/K \tag{3}$$

式中：

K——流量计的 K 系数；

N_{ij}——第 i 试验流量点第 j 次试验流量计输出脉冲数。

10.1.6.2　流量计示值误差

第 i 试验流量点的流量计示值误差按式（4）计算。

$$E_i = \frac{1}{n}\sum_{j=1}^{n} E_{ij} \tag{4}$$

式中：

E_i——第 i 试验流量点的流量计工况累积体积流量相对示值误差,%；

n——第 i 试验流量点试验次数。

对于液体流量计，取所有试验流量点的流量计工况累积体积流量相对示值误差绝对值的最大值作为流量计示值误差。

对于气体流量计，取高区 $q_t \leqslant q \leqslant q_{max}$和低区 $q_{min} \leqslant q < q_t$ 流量范围内的各试验流量点的流量计工况累积体积流量相对示值误差绝对值的最大值，分别作为样机 $q_t \leqslant q \leqslant q_{max}$和 $q_{min} \leqslant q < q_t$ 的流量计示值误差。

10.1.6.3　流量计重复性 E_r

第 i 试验流量点的流量计重复性按式（5）计算。

$$(E_r)_i = \left[\frac{1}{(n-1)}\sum_{j=1}^{n}(E_{ij} - E_i)^2\right]^{\frac{1}{2}} \tag{5}$$

式中：

$(E_r)_i$——第 i 试验流量点流量计重复性,%。

对于液体流量计，取所有试验流量点重复性最大值作为流量计重复性。

对于气体流量计，分别取高区 $q_t \leqslant q \leqslant q_{max}$和低区 $q_{min} \leqslant q < q_t$ 流量范围内各试验流量点的流量计重复性最大值作为 $q_t \leqslant q \leqslant q_{max}$和 $q_{min} \leqslant q < q_t$ 的流量计重复性。

10.1.7　合格判据

流量计示值误差和流量计重复性应符合 6.1 和 6.2 对应的要求。

气体流量计所配的压力传感器、温度传感器和流量积算仪应符合明示准确度等级要求。

10.2　密封性试验

10.2.1　试验目的

检验流量计能否在规定的时间内承受规定的静压力而无泄漏和损坏。

10.2.2　试验条件

在 10.1.4.1 规定的环境条件下，流量计零流量状态进行试验。用空气或水作为介质进行试验。

10.2.3　试验设备

密封性试验装置量程应覆盖流量计最大工作压力，压力计等级不低于 2.5 级。

10.2.4　试验方法

a）将流量计安装在密封性试验台上。

b）用空气或水对流量计加压至流量计最大工作压力，持续时间不少于5min。

c）观察有无泄漏现象。

10.2.5　合格判据

应符合7.1的要求。

解读：密封性试验时，如用空气介质进行试验，其泄漏检测一般采用浸水式或涂皂水方法检查，当试验压力较大时，应有隔离板等防爆措施。

10.3　耐压强度

10.3.1　试验目的

检验流量计表体能否在规定的时间内承受规定的静压力而无泄漏和损坏。

10.3.2　试验条件

在10.1.4.1规定的环境条件下，流量计零流量状态，用水作为介质进行试验。

10.3.3　试验设备

耐压试验装置量程应覆盖流量计1.5倍最大工作压力，压力计准确度等级不低于2.5级。

10.3.4　试验方法

a）将流量计表体安装在耐压试验台上。

b）用水作为介质，对流量计加压至1.5倍流量计的最大工作压力，持续时间不少于5min。

c）观察流量计表体有无泄漏和损坏。

10.3.5　合格判据

应符合7.2的要求。

10.4　绝缘电阻

10.4.1　试验目的

检验流量计各端子之间绝缘电阻是否符合要求。

10.4.2　试验条件

在10.1.4.1规定的环境条件下，流量计零流量状态进行试验。

10.4.3　试验设备

应符合7.3中表3要求的兆欧表或绝缘电阻测量仪。

10.4.4　试验方法

a）按试验设备使用方法，测量流量计电源端子与接地端子之间的绝缘电阻。

b）按试验设备使用方法，测量流量计输出端子与接地端子之间的绝缘电阻。

10.4.5　合格判据

应符合7.3中表3的要求。

10.5　绝缘强度（仅对采用交流电源的样机）

10.5.1　试验目的

检验流量计各端子之间绝缘强度是否符合要求。

10.5.2　试验条件

在10.1.4.1规定的环境条件下，流量计零流量状态进行试验。

10.5.3　试验设备

应符合7.4中表4要求的绝缘强度测量仪。

10.5.4　试验方法

10.5.4.1　交流供电流量计

a）用绝缘强度测量仪对流量计的电源端子与接地端子之间施加1.5kV的正弦试验电压，持续1min，观察有无击穿或飞弧现象。

b）用绝缘强度测量仪对流量计的输出端子与接地端子之间施加 1.5kV 的正弦试验电压，持续 1min，观察有无击穿或飞弧现象。

10.5.4.2 直流电压小于或等于60V 或电池供电的流量计

a）用绝缘强度测量仪对流量计的电源端子与接地端子之间施加 0.5kV 的正弦试验电压，持续 1min，观察有无击穿或飞弧现象。

b）用绝缘强度测量仪对流量计的输出端子与接地端子之间施加 0.5kV 的正弦试验电压，持续 1min，观察有无击穿或飞弧现象。

10.5.5 合格判据

应符合 7.4 的要求。

10.6 外壳防护性能

10.6.1 试验目的

检验流量计防护性能是否符合 GB 4208 规定的 IP 等级要求。

10.6.2 试验条件

在 10.1.4.1 规定的环境条件下，流量计零流量状态进行试验。

10.6.3 试验设备

外壳防护试验用的滴水箱和防尘箱。

10.6.4 试验方法

a）按产品标准确认流量计的 IP 防护等级。

b）按 GB 4208 规定的方法，对流量计进行相应等级的防尘试验。

c）按 GB 4208 规定的方法，对流量计进行相应等级的防水试验。

d）检查流量计显示和检测功能是否正常。

10.6.5 合格判据

试验后流量计显示和检测功能应正常。

10.7 贮存环境

10.7.1 试验目的

检验流量计在低温、高温和恒定湿热的贮存环境试验后，是否符合 7.7 的要求。

10.7.2 试验条件

在 10.1.4.1 规定的环境条件下，流量计零流量状态进行试验。

10.7.3 试验设备

高低温试验箱和振动试验台。

10.7.4 试验方法

检查流量计显示功能和检测功能，记录存贮的参数。

10.7.4.1 低温试验

按 GB/T 2423.1 中“试验 Ad”相关要求，对流量计进行低温试验。试验参数见表 6。

表 6 低温贮存试验

试验温度	-20℃
持续时间	2h
恢复时间	2h

注：温度变化应不超过 1℃/min，对空气湿度要求在整个试验期间应避免凝结水。

10.7.4.2 高温试验

按 GB/T 2423.2 中“试验 Bd”相关要求，对流量计进行高温试验。试验参数见表 7。

表 7　高温贮存试验

试验温度	55℃
持续时间	2h
恢复时间	2h

注：温度变化应不超过 1℃/min，对空气湿度要求在整个试验期间应避免凝结水。

10.7.4.3　恒定湿热试验

按 GB/T 2423.3 中“试验 Cab”相关要求，对流量计进行恒定湿热贮存试验。试验参数见表 8。

表 8　恒定湿热贮存试验

试验温度	40℃
相对湿度	93%
持续时间	2d
恢复时间	2h

10.7.4.4　振动试验

按 GB/T 2423.10 中“试验 Fc”相关要求，对流量计进行正弦波振动试验。试验参数见表 9。

表 9　振动试验

频率范围	1Hz～100Hz
振动幅度	0.75mm
持续时间	每个轴向各 1h

a）功能复查

试验后，检查流量计的显示和检测功能是否正常。

b）计量性能复测

选择 q_t 试验流量点，按 10.1.4 和 10.1.5 的规定，进行流量计示值误差和流量计重复性试验。

解读：一般分界流量 q_t 为 $0.2q_{max}$，试验流量点就用 $0.2q_{max}$。如果气体流量计的分界流量不是这个值，则按 q_t。

10.7.5　合格判据

试验后流量计显示和检测功能应正常，计量性能符合本大纲第 6 章的规定。

10.8　电磁兼容适应性

10.8.1　静电放电抗扰度

10.8.1.1　试验目的

检验流量计在静电放电抗扰度试验后是否符合 7.8 的要求。

10.8.1.2　试验条件

在 10.1.4.1 规定的环境条件下试验。

10.8.1.3　试验设备

静电放电抗扰度试验设备。

10.8.1.4　试验程序

a）按 GB/T 17626.2 的要求，流量计在模拟工作状态下进行静电放电抗扰度试验。

b）静电放电抗扰度试验中施加的相关参数的规定见表 10。

表 10　静电放电抗扰度试验

放电方式	接触放电	空气放电
试验等级	3 级	3 级
试验电压	6kV	8kV
试验次数	10	10

c）观察流量计有无出现功能或者性能暂时丧失或者降低，试验结束后，工作是否正常，存储的数据是否保持不变。

10.8.1.5　合格判据

流量计在静电放电抗扰度试验中和试验后，应符合 7.8 的要求。

10.8.2　射频电磁场辐射抗扰度

10.8.2.1　试验目的

检验流量计在射频电磁场辐射抗扰度试验后是否符合 7.8 的要求。

10.8.2.2　试验条件

在 10.1.4.1 规定的环境条件下试验。

10.8.2.3　试验设备

射频电磁场辐射抗扰度试验设备。

10.8.2.4　试验程序

a）按 GB/T 17626.3 的要求，流量计在模拟工作状态下进行射频电磁场辐射抗扰度试验。

b）射频电磁场辐射抗扰度试验中施加的相关参数的规定见表 11。

表 11　射频电磁场辐射抗扰度试验

频率范围	80MHz ~ 1 000MHz
试验等级	3 级
试验场强	10V/m
调制正弦波	80% AM，1kHz 正弦波
极化方向	水平，垂直

c）观察流量计有无出现功能或者性能暂时丧失或者降低，试验结束后，工作是否正常，存储的数据是否保持不变。

10.8.2.5　合格判据

流量计在射频电磁场辐射抗扰度试验中和试验后，应符合 7.8 的要求。

10.8.3　电快速瞬变脉冲群抗扰度

10.8.3.1　试验目的

检验流量计在交流电源电压上叠加电脉冲群试验后是否符合 7.8 的要求。

10.8.3.2　试验条件

在 10.1.4.1 规定的环境条件下试验。

10.8.3.3　试验设备

脉冲群信号发生器。

10.8.3.4　试验程序

a）按 GB/T 17626.4 的要求，流量计在模拟工作状态下进行抗脉冲群干扰试验。

b）脉冲群抗扰度试验中施加的相关参数的规定见表 12。

表 12　脉冲群抗扰度试验

试验方式	供电电源端口，保护接地（PE）
试验等级	3 级
电压峰值	2kV
试验时间	60s
重复频率	5kHz

c）观察流量计有无出现功能或者性能暂时丧失或者降低，试验结束后，工作是否正常，存储的数据是否保持不变。

10.8.3.5　合格判据

流量计在电快速瞬变脉冲群抗扰度试验中和试验后，应符合 7.8 的要求。

10.8.4　浪涌（冲击）抗扰度

10.8.4.1　试验目的

检验流量计在浪涌（冲击）抗扰度试验后是否符合 7.8 的要求。

10.8.4.2　试验条件

在 10.1.4.1 规定的环境条件下试验。

10.8.4.3　试验设备

雷击浪涌发生器。

10.8.4.4　试验程序

a）按 GB/T 17626.5 的要求，流量计在模拟工作状态下进行浪涌（冲击）抗扰度试验。

b）浪涌（冲击）抗扰度试验中施加的相关参数的规定见表 13。

表 13　浪涌（冲击）抗扰度

试验等级	2 级
开路试验电压/kV	1.0
浪涌波形/μs	1.2/50 ~ 8/20
试验方式	线 - 地，线 - 线
极性	正极，负极
试验次数/次	5
重复率	1 次/min

c）观察流量计有无出现功能或者性能暂时丧失或者降低，试验结束后，工作是否正常，存储的数据是否保持不变。

10.8.4.5　合格判据

流量计在浪涌（冲击）抗扰度试验中和试验后，应符合 7.8 的要求。

10.8.5　电源中断

10.8.5.1　试验目的

检验流量计按 GB/T 17626.11 中试验等级 0% UT 试验后是否符合 7.8 的要求。

10.8.5.2　试验条件

在 10.1.4.1 规定的环境条件下试验。

10.8.5.3　试验设备

直流稳压电源。

10.8.5.4　试验程序

a）按 GB/T 17626.11 的要求，流量计在模拟工作状态下进行电源中断试验。

b）电源中断试验中施加的相关参数的规定见表14。

表14 电源中断

试验等级	0% UT
中断	电压100%中断：相当于半个周期的时间
试验循环数	至少10次中断，间隔时间最少10s

c）通电恢复后，检查流量计工作是否正常，存储的数据是否保持不变。

10.8.5.5 合格判据

流量计在电源中断试验后，应符合7.8的要求。

11 试验项目所用计量器具和设备表

试验项目所用计量器具和设备表见表15。

表15 试验项目所用计量器具和设备表

序号	名称	测量范围	主要性能指标	备注
1	液体流量标准装置	流量范围覆盖流量计工作范围，可克服流量计压力损失	扩展不确定度不大于流量计的1/3	适用于液体流量计
2	音速喷嘴流量标准装置	流量范围覆盖流量计工作范围，可克服流量计压力损失	扩展不确定度不大于流量计的1/3	适用于气体流量计
3	密封性试验装置	试验压力可达流量计最大工作压力	压力计准确度2.5级	试验介质为水或空气
4	耐压试验装置	试验压力可达流量计1.5倍最大工作压力	压力计准确度2.5级	试验介质为水
5	兆欧表或绝缘电阻测量仪			
6	绝缘强度测量仪			
7	滴水箱			
8	防尘箱			
9	高低温试验箱			
10	振动试验台			
11	静电放电发生器			
12	电波暗室			
13	射频信号发生器			
14	电快速瞬变脉冲群发生器			
15	电压暂降、短时中断发生器			

附录 A　旋进旋涡流量计型式评价原始记录格式（参考）

解读：记录除了型式评价的基本信息外，包括检查记录和试验记录。记录格式的统一和受控也是JJF 1016—2014《计量器具型式评价大纲编写导则》和各技术机构实验室的要求。实际操作过程中，部分自动化程度较好的设备应参照此要求进行试验参数设定、自动读数和计算处理的测量软件的设计。

A.1　型式评价基本信息

A.1.1　样机

委托单位：

申请单位：

样机名称：

型号规格：

样机编号：

量程：

准确度等级：

A.1.2　使用计量标准设备

名称：

型号规格：

编号：

量程：

准确度等级/不确定度：

检定证书编号：

检定证书有效期：

A.1.3　环境条件

温度：

相对湿度：

大气压力：

A.1.4　试验依据：

A.1.5　人员签字

型式评价人员（签字）

复核人员（签字）

A.1.6　试验时间

（开始时间：　　　　结束时间：　　　　）

A.2　观察项目记录

解读：对以下每个已进行和完成试验报告的检查或试验在“+”号（表示符合或通过）或“-”号（表示不符合或不通过）栏打选择符号“×”，如不适用写符号“n/a”。（考虑统一和国际接轨，尽量避免打“√”表示。）

章节条款	技术要求	+	-	备注
法制管理要求				
5.1 计量单位	流量计显示累积量单位：立方米、升，符号：m^3、L 瞬时流量单位：立方米每小时、升每秒，符号 m^3/h、L/s			
5.2 外部结构设计	对不允许使用者自行调整的流量计，应采用封闭式结构设计或者留有加盖封印的位置。凡能影响准确度的任何人为机械干扰，都将在流量计或防护标记上产生永久性的有形损坏痕迹			

续表

章节条款	技 术 要 求	+	−	备 注
5.3 标志 5.3.1	在流量计的铭牌或面板、表头等明显部位应留出相应位置来标注制造计量器具许可证和型式批准证书的标志、编号			
5.3.2	流量计的铭牌或面板、表头等明显部位应有最大工作压力			
5.3.3	流量计表体应有永久性、明显的流向标识			
7.5 防爆性能	用于爆炸性气体环境的流量计，应取得具有资质的防爆检验机构签发的防爆试验报告和颁发的防爆合格证书			

解读： 对于7.5防爆性能项目，一般不是由型式评价单位承担试验并颁发防爆合格证书，检查时要结合申请书和提交的申请资料进行。核实用途，核实样机与证书描述的一致性。

A.3 试验记录

A.3.1 密封性

试验设备：

环境条件：

样机编号	试验介质	试验压力 p/MPa	持续时间 t/min	试验结果

试验员　　　复核员　　　试验日期：　　年　　月　　日

A.3.2 计量性能

标准装置：

环境条件：温度　　℃；　相对湿度：　　%；大气压力　　kPa

样机编号№：

试验流量	样 机			标准装置			示值误差	平均误差	重复性
m^3/h	Q/L	温度 T_m	压力 p_m	Q_s/L	温度 T_s	压力 p_s	E_{ij}/%	E_i/%	E_r/%
q_{max}									
$0.7q_{max}$									
$0.5q_{max}$									
$q_t(0.2q_{max})$									
q_{min}									

试验员　　　复核员　　　试验日期：　　年　　月　　日

A.3.3　耐压强度（流量计壳体）

试验设备：

环境条件：

样机编号	试验介质	试验压力 p MPa	持续时间 t /min	试验结果
	水			
	水			
	水			

试验员　　　　复核员　　　　试验日期：　　年　　月　　日

A.3.4　绝缘电阻

试验设备：

环境条件：

样机编号	电源端子与接地端子之间电阻 Ω	输出端子与接地端子之间电阻 Ω	结果

试验员　　　　复核员　　　　试验日期：　　年　　月　　日

A.3.5　绝缘强度

试验设备：

环境条件：

样机编号	端子间	试验电压/V	持续时间/min	结果
	电源端子与接地端子			
	输出端子与接地端子			
	电源端子与接地端子			
	输出端子与接地端子			
	电源端子与接地端子			
	输出端子与接地端子			

试验员　　　　复核员　　　　试验日期：　　年　　月　　日

A.3.6　防护性能

试验设备：

环境条件：

样机编号	防护等级 IP	试验后显示功能复查	试验后检测功能检查	结果
	防尘：			
	防水：			

试验员　　　　复核员　　　　试验日期：　　年　　月　　日

A.3.7　贮存性能

试验设备：

环境条件：

样机编号	项目	试验后显示功能复查	试验后计量性能复查	结果
	低温 Ad		流量点 q_t 下 示值误差： 重复性：	
	高温 Bd			
	恒定湿热：Cab			
	振动：Fc			
	低温 Ad		流量点 q_t 下 示值误差： 重复性：	
	高温 Bd			
	恒定湿热：Cab			
	振动：Fc			
	低温 Ad		流量点 q_t 下 示值误差： 重复性：	
	高温 Bd			
	恒定湿热：Cab			
	振动：Fc			

试验员　　　　　复核员　　　　　试验日期：　　　年　　月　　日

A.3.8　电磁兼容

试验设备：

环境条件：

项目	等级	样机编号	试验时功能检查	试验后功能复查	结果
静电放电抗扰度	3				
射频电磁场辐射抗扰度	3				
脉冲群抗扰度	3				
浪涌（冲击）抗扰度	2				
电源中断	0% UT				

试验员　　　　　复核员　　　　　试验日期：　　　年　　月　　日

第五节　气体旋进旋涡流量计工作原理、特点及应用

一、概述

为区别液体“漩涡”，在气体流量计量采用“旋涡”一词。

旋进旋涡流量计（VPF）是一种脉冲—频率型线性流量计，速度式流量计，也称旋涡进动流量计（vortex precessin meter），它应用旋涡进动现象，测量与流速成正比的旋涡进动频率，实现流量测量。

气体旋进旋涡流量计的国内标准主要是：SY/T 6658—2006《用旋进旋涡流量计测量天然气流量》（非等效采用 ISO/TR 12764：1997，Measurement of fluid flow in closed conduits – Flowrate measurement by means of vortex shedding flowmeters inserted in circular cross – section conduits running full），国家标准《气体旋进旋涡流量计》目前正在制定中。

气体旋进旋涡流量计的显示方式为电子显示仪表，根据是否有温度、压力检测修正可分为不修正型和 PTZ 修正型（温度、压力、压缩因子修正），如图 2 –5 –1 和图 2 –5 –2 所示。根据流量传感器和电

子显示仪表的连接方式可分为一体式和分体式。电子显示仪表输出接口一般具有与流量成正比的脉冲频率输出、模拟量 4mA ~ 20mA 输出、RS485 数据通信（MODBUS 协议等），有些具备现场总线如 HART 协议总线、PROFIBUS 总线等。

图 2-5-1　不修正型气体旋进旋涡流量计

图 2-5-2　PTZ 修正型气体旋进旋涡流量计

二、工作原理

气体旋进旋涡流量计（以下简称流量计）的测量原理可以从旋涡的形成、发展、涡核进动等主要环节来说明：

1. 旋涡流的形成

流量计的测量管前部分为收缩的文丘里管，流量计入口安装着多片螺旋形导流叶片组成的旋涡发生体（或称起旋器，swirler，如图 2-5-3 所示），流体被强迫绕测量管轴线激烈旋转流动，如图 2-5-4 所示。形象地说，从螺旋形叶片流出的各股流体象若干股绳子拧在一起形成的旋涡流称为涡势，其中心处为涡核。

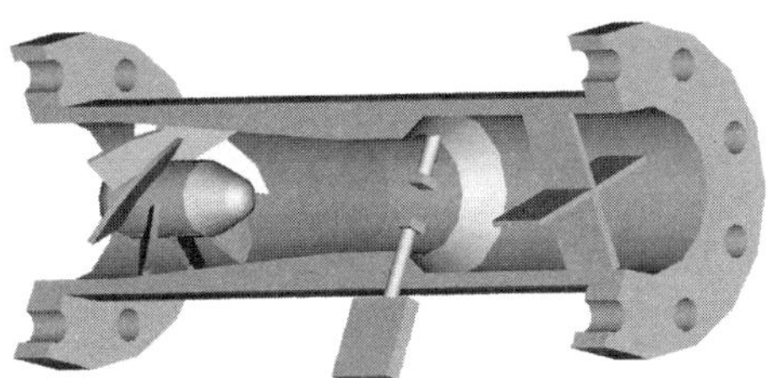

图 2-5-3　旋进旋涡流量计壳体结构

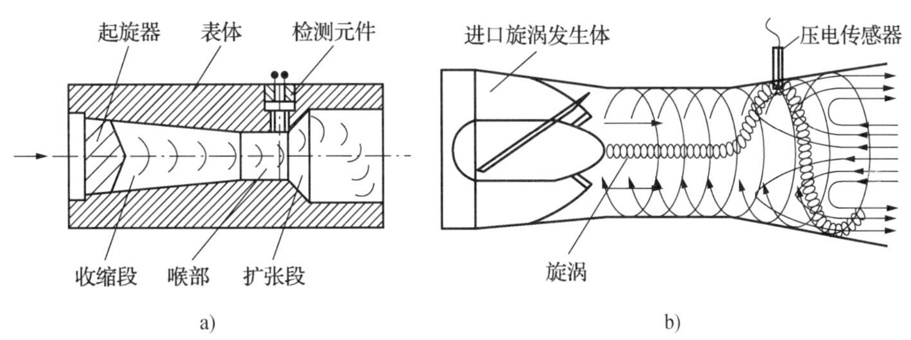

图 2-5-4　旋涡进动示意图

2. 旋涡的发展

旋涡流由旋涡发生体形成后，经过收缩的文丘里管不断加速，且旋涡流直径逐步缩小，涡核的直径也随之缩小，角动量不断增强，角速度不断增大，涡势得到更充分发展，旋涡强度逐步加强。此时涡核与流管的中心线相一致。

3. 涡核的进动

文丘里管的后一段为直管，称为喉部，其长度与其直径近似相等。旋涡流经过喉部获得一段短暂稳定，然后进入扩张段。扩张段是一段锥度较大而长度较短的管段。由于管径急剧扩张，进入扩张管的旋涡流就变成一股旋涡喷流。在扩张段内，管内注动出现减速增压现象，由于减速增压的速率较快，旋涡流中心区的压力比周围流体的压力低易出现局部回流，在回流作用下，迫使涡核偏离中心轴。像刚体一样旋转的涡核，在扩张段内形成类似陀螺的进动。

模拟旋转刚体的进动，如图 2－5－5 所示，对旋涡进动现象进行如下分析：

旋转刚体的角动量按式（2－5－1）计算。

$$b = I\omega \tag{2-5-1}$$

式中：

b——刚体的角动量；

I——惯性矩；

ω——旋转角速度。

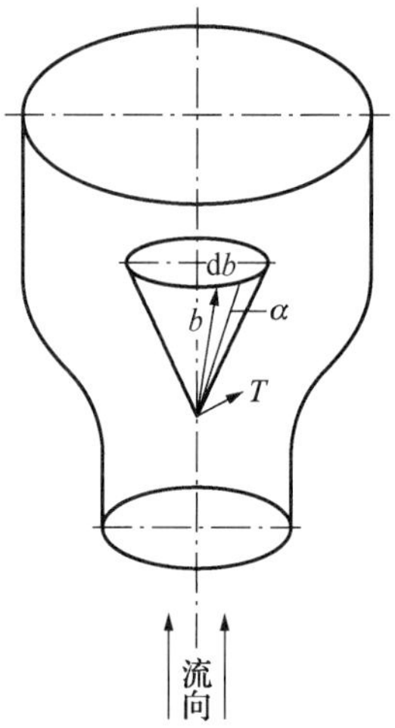

由于固定不动的旋涡发生体（起旋器）对流体的强迫作用，所产生的旋涡流的角速度 ω 与流体的流速成正比，因而与流量成正比。而它的惯性矩与流体的密度成正比，且与旋涡流的尺寸有关。因此，旋涡流的角动量按式（2－5－2）计算。

$$b = K_1 q_v \rho \tag{2-5-2}$$

式中：

K_1——与尺寸有关的系数；

q_v——工作状态体积流量；

ρ——工作状态流体密度。

图 2－5－5　旋涡流进动现象

当一个具有角动量 b 的刚体旋转时，受转矩 T 的支配，设在 $\mathrm{d}t$ 时间内，角动量 b 的变化量为 $\mathrm{d}b$，按式（2－5－3）计算。

$$T = \frac{\mathrm{d}b}{\mathrm{d}t} \tag{2-5-3}$$

与 T 轴相垂直的角动量，共增量 $\mathrm{d}b$ 仅是 b 的方向变化，而不是它的大小的变化，按式（2－5－4）计算。

$$\mathrm{d}b = b\mathrm{d}\alpha \tag{2-5-4}$$

式中，α 为刚体进动的角度。

假设旋涡喷流的进动等同为一个旋转的刚体，作用到旋涡喷流（涡核）上产生旋涡进动的转矩 T 正比于减速力，也就是正比于压力差。该压力差是因扩张段的截面积增大产生减速增压作用而引起的，按式（2－5－5）计算。

$$T = K_2 \rho q_v^2 \tag{2-5-5}$$

由式（2－5－2）~式（2－5－5）可得进动角速度 $\mathrm{d}\alpha/\mathrm{d}t$，按式（2－5－6）计算。

$$\frac{\mathrm{d}\alpha}{\mathrm{d}t} = \frac{1}{b} \times \frac{\mathrm{d}b}{\mathrm{d}t} = \frac{T}{b} = \frac{K_2}{K_1} q_v \tag{2-5-6}$$

从式（2－5－6）可看出系数 K_2/K_1 是与流量计的测量管、旋涡发生体（起旋器）的结构、几何尺寸有关的量，旋涡进动角速度与流体的密度和黏度无关，仅与流体的体积流量成正比。所以，旋涡进动频率仅与流体的体积流量成正比。

4. 旋涡信号的检测

旋涡进动贴近扩张段的壁面，并引起周围流体局部流速和压力脉动，这种脉动与旋涡进动同步，采用不同检测技术都能检测出旋涡进动信号。旋涡进动频率与流体的工作状态体积流量成正比，按式（2－5－7）计算。

$$q_v = \frac{f}{K} \times 3\ 600 \tag{2-5-7}$$

式中：

q_v——气体工作状态的体积流量，$\mathrm{m^3/h}$；

f——涡核进动频率，$\mathrm{s^{-1}}$；

K——仪表系数，$(\mathrm{m^3})^{-1}$。

5. 旋涡的消失

在扩张段之后的出口段内，安装了直叶片的消旋器，使流体的旋转和脉动衰减消失。

6. 双探头流量传感器的电原理图

采用对称安装的双探头（压电晶体）方式，由实验得知的流体振动特征，可将双探头输出电荷信号进行差动放大，即可得到幅度为2倍于单探头的电压信号，而输出频率与流体振动频率一致，有利于提高流量计的下限灵敏度，如图2-5-6所示。

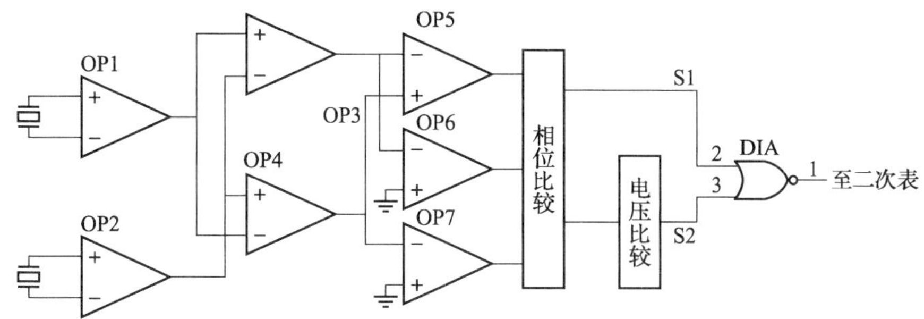

图2-5-6 双探头流量传感器电原理图

当有流量时，对称安装的两传感器输出信号频率一致，相位差180°。如图2-5-7和图2-5-8所示。

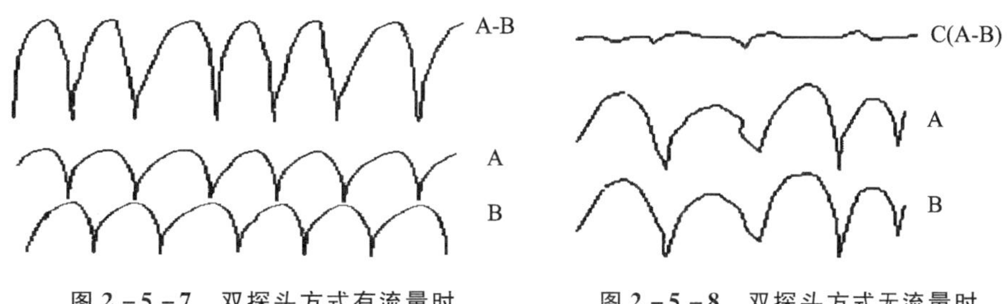

图2-5-7 双探头方式有流量时　　图2-5-8 双探头方式无流量时

当无流量且存在压力波动、机械振动或其他干扰信号时，对称安装的两传感器输出信号频率一致，相位也基本一致，利用差动方式可剔别该信号。

当有流量且有压力波动或机械振动干扰信号时，对称安装的两传感器输出信号为流体振动信号和干扰信号的叠加，可剔除干扰信号而仅检测流体振动信号。

基于以上说明，对称安装的双探头方式不仅提高了流量计的抗干扰能力，而且提高了小流量计量准确性。

7. PTZ修正型电子显示仪表的电原理框图（温度、压力传感器为模拟量输出）

PTZ修正型电子显示仪表的电原理框图如图2-5-9所示。

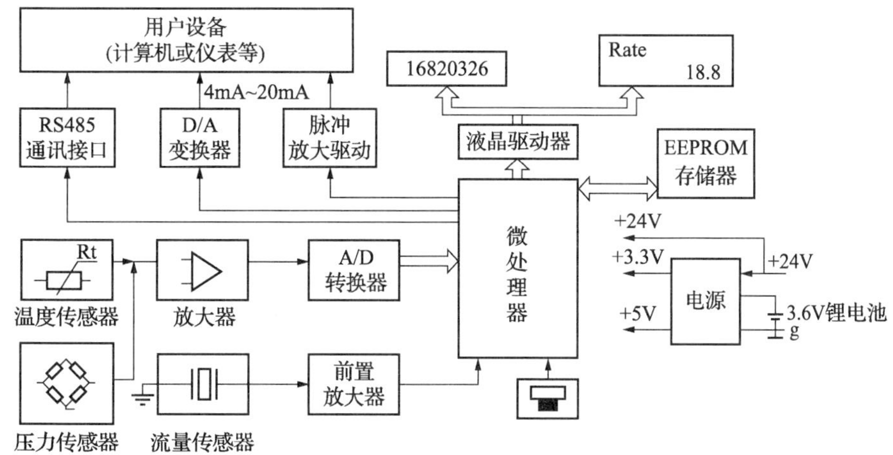

图2-5-9 PTZ修正型电子显示仪表电原理框图

PTZ修正型的气态方程及数学模型按式（2-5-8）和式（2-5-9）计算。

$$Q_n = \int_0^t q_n \mathrm{d}t \tag{2-5-8}$$

$$q_n = q_f \left(\frac{p_f}{p_n}\right)\left(\frac{T_n}{T_f}\right)\left(\frac{Z_n}{Z_f}\right) \tag{2-5-9}$$

式中：

Q_n——累积体积量，m^3；

q_n——标准参比条件下的瞬时体积流量，m^3/h；

q_f——操作条件下瞬时体积流量，m^3/h；

p_f——操作条件下的绝对静压力，kPa；

p_n——标准参比条件下的绝对静压力，其值为101.325kPa；

T_n——标准参比条件下的热力学温度，其值为293.15K；

T_f——操作条件下的热力学温度，K；

Z_n——标准参比条件下的压缩因子；

Z_f——操作条件下的压缩因子。

天然气压缩因子的计算依据可分两种情况：

当天然气计量系统符合GB/T 18603—2014中表B.1准确度为A、B级的要求时，应按GB/T 17747.1—2011～GB/T 17747.3—2011计算压缩因子值，其中标准参比条件下的气体压缩因子 Z_n 也可按GB/T 11062—2014计算。

当天然气计量系统为非贸易计量系统或属于符合GB/T 18603—2014中表B.1准确度为C级的要求时，可按AGA NX－19公式计算 F_z 值，计算方法和公式可见GB/T 21446—2008。

三、结构

旋进旋涡流量计由流量传感器和电子显示仪表（二次装置）两大部分组成，如图2－5－10所示。

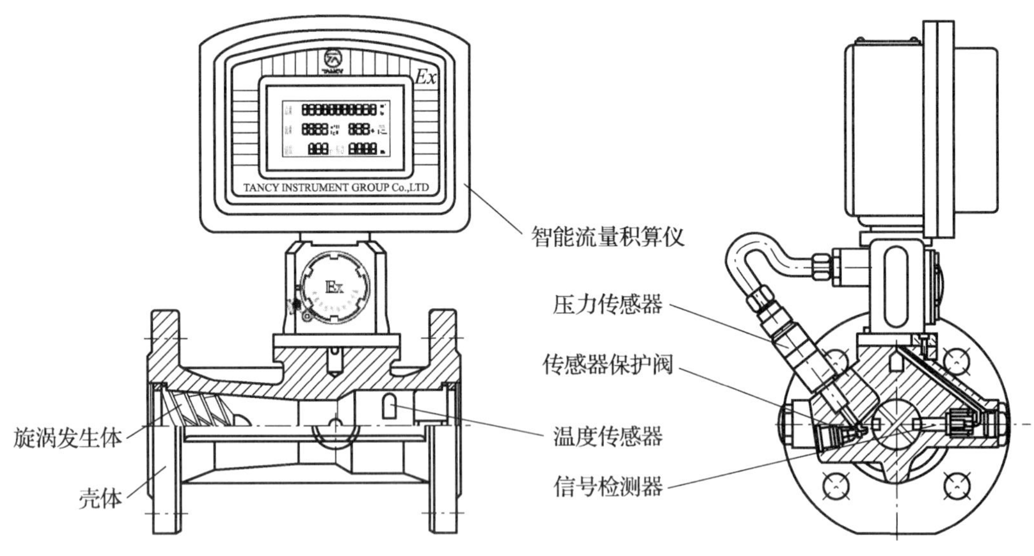

图2－5－10　气体旋进旋涡流量计结构图

1. 流量传感器

流量传感器包括流量计壳体、旋涡发生体（起旋器）、检测元件、消旋器（整流器）等。

（1）流量计壳体

对于城市燃气、无腐蚀性、无毒性的气体，压力不大于PN16的，均采用铝合金材料，其他高温高压等特殊场合使用的采用钢材料。

壳体内腔是流体流经的通道，同时也是进行流体测量的通道。从流体流经顺序依次为入口段、收缩段、喉部、扩张段、出口段等部分，如图2－5－11所示。

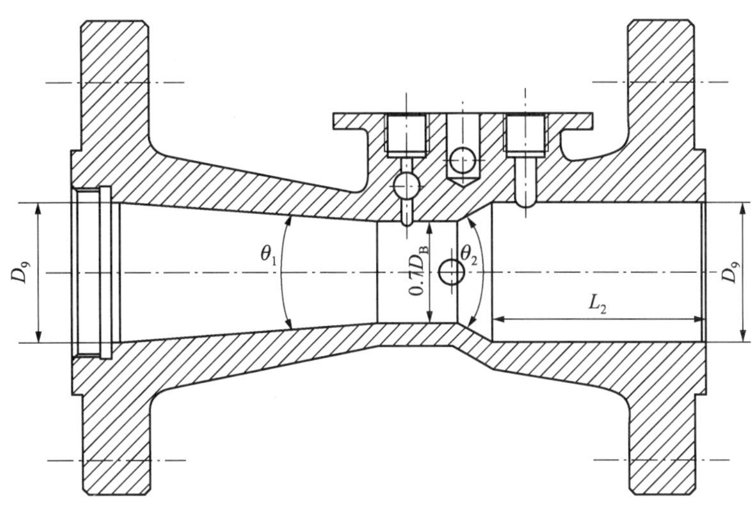

图 2-5-11　气体旋进旋涡流量计壳体

1）入口段：位于壳体最上游端，仅为安装旋涡发生体而设置。入口段内壁加工成螺纹，安装压圈或压板，固定旋涡发生体用。

2）收缩段：收缩段以一定的锥角 θ_1 从公称通径 D_N 收缩到约 $0.7D_N$。锥角一般为 9°~10°。

3）喉部：在收缩段之后，是一段直径约为 $0.7D_N$ 的圆管称为喉部。

4）扩张段：在喉部之后，是一段扩张较争剧的圆锥管。扩张角 θ_2 比前锥角大得多，通常为 45°~60°。扩张段的末端直径为公称通径 D_N。

5）出口段：在扩张段之后，也是壳体最后一段，该段安装了消旋器（整流器）。

（2）旋涡发生体（起旋器）

旋涡发生体（起旋器）是流量计的核心部件。它被固定流量计壳体的入口段，它由芯轴和具有特定螺旋角的若干叶片组成，各叶片的螺旋角和彼此的间距都相等。

流体进入旋涡发生体（起旋器）后，被分割成相等的几股，在各螺旋形叶片之间的空间内流动，形成旋涡流进入收缩段。

旋涡发生体（起旋器）是一个结构较复杂的部件，它的结构参数较多，如图 2-5-12 所示。

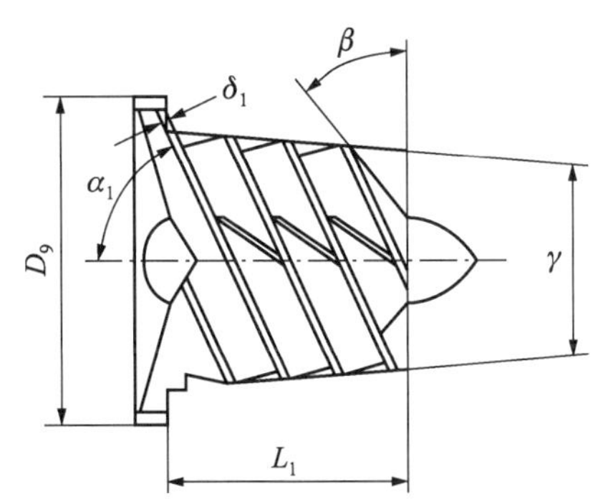

图 2-5-12　旋涡发生体（起旋器）

1）螺旋角 α_1：旋涡发生体的螺旋角 α_1 是影响流态的重要参数。径处的螺旋角 α_1 取值在 45°~60°范围内较合适。

2）圆锥角 γ：旋涡发生体的圆锥角 γ 应与表体测量收缩段的前锥角 θ_1 相等，通常取 9°~10°为宜。

3）后锥角 β：旋涡发生体（起旋器）的后锥角 β 对流量计的线性度影响较大，一般约为 30°。

4）叶片法向厚度 δ_1：叶片的法向厚度 δ_1 是旋涡发生体重要的结构参数之一，在螺旋角 α_1 一定时，叶片增厚则仪表系数 K 增大，反则反之。

叶片法向厚度 δ_1 选择范围为 0.5mm~4mm，叶片的长度为 $0.7D_N \sim 1.0D_N$。

5）芯轴的尺寸：芯轴的直径 d 一般为 $0.25D_N \sim 0.45D_N$，芯轴的总长约为 $1.2D_N \sim 1.4D_N$。

（3）检测元件

PTZ 修正型检测元件包括流量、温度、压力 3 种检测元件，不修正型仅有流量检测元件（流量传感器）。

1）流量检测元件：在由初期的单探头（压电传感器）发展到现在的双探头（压电传感器），一般安装角度为对称的，也有少部分为相互垂直、其他角度的。

2）温度检测元件：有些壳体上安装温度传感器座，温度传感器安装到传感器座里，这样可方便用于更换温度传感器，同时可以避免由于温度传感器外壳长期受脏污介质的冲刷而导致漏气的现象。

3）压力检测元件：一般直接安装压力传感器。也有安装引压管将压力引出到外置的压力传感器进行测量的。

（4）消旋器（除旋器）

作用是消除旋涡流，以减少对下游设备的影响，如图 2－5－13 所示。

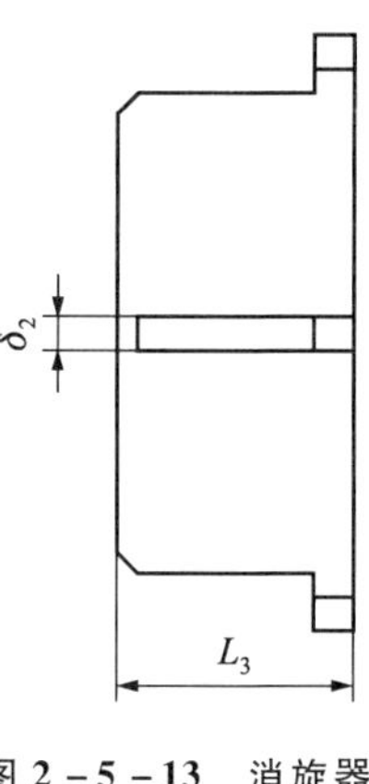

图 2－5－13 消旋器（除旋器）

四、气体旋进旋涡流量计特点

（1）无可动部件，可靠性高，寿命长。

（2）准确度等级：不修正型一般为 1.0 级，有些达 0.5 级。PTZ 修正型一般为 1.5 级，有些可达 1.0 级。

（3）在一定的雷诺数范围内，流体振动频率只与流体工作状态下的体积流量成正比，而对流体物理性质（压力、温度、黏度、密度等）的变化不敏感。因此在符合相似原理的条件下，用一种典型介质（如空气）标定出的仪表系数，也可在其他介质中使用。

（4）输出脉冲频率信号。

（5）测量准确度中等偏上，高于传统的差压流量计、浮子流量计。

（6）结构简单，安装方便，维护量少。

（7）量程范围较宽，一般为 10∶1～15∶1，有些可达 25∶1。

（8）抗脉动和机械振动干扰性能不高，在强脉动流干扰和强机械振动干扰场合使用时，在工作流量较小时受其干扰较大，表现为“虚假”流量。

（9）相对于气体涡轮流量计，压力损失大。

（10）不同压力下，仪表系数偏移较严重（有待进一步的试验结果说明）。

随着科技的发展，通过流体仿真等技术手段，用双流量传感器（压电传感器）替代单流量传感器，有效地提高了该流量计抗压力波动和机械振动干扰的能力。在体积修正仪上，智能化、网络化程度也得到进一步提高。

五、应用

气体旋进旋涡流量计由于没有可动部件而没有润滑油与介质会产生化学反应现象，且壳体材质根据应用场合选型，故可广泛应用于空气、压缩空气、沼气、煤气、煤层气、天然气、工业气体（如氧气、氢气、二氧化碳、硫化氢等）。

流量计的选型详见 SY/T 6658—2006 的附录 B。

1. 气体旋进旋涡流量计的安装

（1）安装：可水平或任意角度安装，建议安装旁通阀以便于维护，如图 2－5－14 所示。

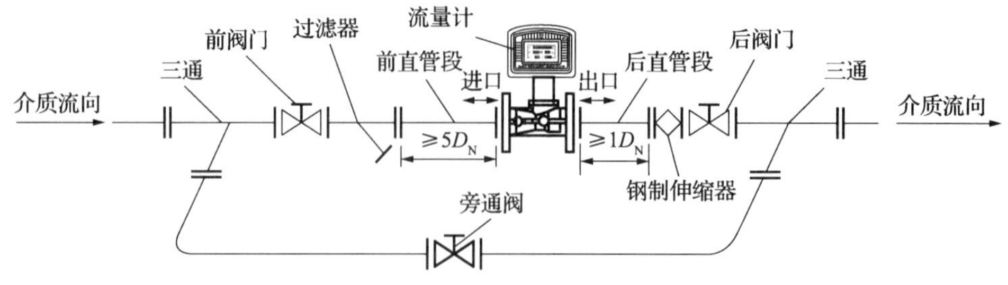

图 2－5－14 流量计的安装

（2）流量计安装尺寸：没有统一的标准，不同制造商安装尺寸一般不同。

（3）直管段要求：一般前直管段为 $5D_N$，后直管段为 $1D_N$。根据制造商说明书规定。

2. 注意事项

（1）禁止流量计在线焊接管道法兰，强脉冲电流及高温将损坏流量计。

（2）安装流量计前应将管道内的杂物、焊渣、粉尘清理干净。

（3）流量计所处环境不能有强的外磁场及强烈的机械振动。

（4）流量计需可靠接地，且不得与强电系统共用地线。

（5）不得自行更改防爆系统的连接方式，不得随意打开仪表。

（6）流量计检定时，一般制造商规定是在壳体取压孔上取压。在管道上取压将导致检定结果严重超差。

第三章 热 水 水 表

第一节 JJG 686《热水水表》编写说明

一、任务来源

按照国家质检总局计量司国质检量函〔2013〕101 号《质检总局关于下达 2013 年国家计量技术法规制修订计划的通知》，浙江省计量科学研究院、河南省计量科学研究院、宁波东海仪表水道有限公司、江西三川水表股份有限公司、山东三龙仪表有限公司、内蒙古自治区计量科学研究院、浙江迪元仪表有限公司对 JJG 686—2006《热水表》进行调整修改，以与水表国际建议和国际标准接轨，适应国内行业现状和许可证管理的要求。

二、规程修订的必要性和原则

本次修订既与冷热水表国家标准衔接，又体现国际建议和国际标准的改动趋势；既考虑国内的主流热水表产品及检验水平现状，同时在法制管理和检验要求方面不放松要求。规程修订还需体现与冷水水表、热量表技术要求和试验方法的协调。

目前热水表的性能研究和法制管理处于一种不规范的状态。生产企业热水表的生产量普遍不大，投入的研发力量和管理力度远比不上冷水表。不过热量表在国内的兴起，对热水表及热量表的计量检测创造了有利的条件。

规程修订的难点主要有以下几个方面：

（1）试验设备：国内缺少使用高温（水温大于 100℃）和中大口径（标称口径大于 50mm）的热水流量标准装置，处于最大允许水温在 100℃ 以上的热水表标称口径大于 50mm 的热水表的试验无法进行；国际上了解到的也只有很少的企业能进行大口径热水表的热水流量试验，如德国 MEINECKE 公司、波兰 POWOGAZ 公司，但近年来国内水表企业也没有与这些企业在热水表检测方面进行交流。

（2）热水表原国际标准中规定的一些高计量等级（如 C 级、D 级）和容积式原理的热水表，及现行 GB/T 778—2007 所列的 T180 高水温等级的热水表在我国并没有生产和使用，对国外这方面的产品在国内的试验还没有例子。

（3）国内冷热水等效原则的试验方法未得到确认过，我国对型式评价证书的批准颁布不会包括这种等效原则的具体规定。现状是水表制造企业和水表检定站很多用对待冷水水表的试验方法来开展对热水表的检定。但经过分析和试验，冷热水等效试验难以统一规定，不论是对机械式热水表，还是对采用电子或电磁原理的热水表。

（4）国内企业和检测部门对热水表所采用的机芯材料、磁性材料、密封材料等部件在高温下的性能缺乏有效的检测手段。

三、规程修订过程和计划

（1）2011 年 6 月，组成起草组。

（2）2011 年 6 月—7 月，调研工作和试验工作。

（3）2011 年 7 月，主要起草单位成员在杭州召开起草工作组首次会议，讨论国际标准和国际建议，结合国情商谈修订主要原则，布置各单位承担的任务，落实单位研发水温过载试验设备。

（4）2012 年 1 月 7 日，在宁波召开第 2 次起草组工作会议，讨论试验初步情况和需要补充的工作，拟出征求意见稿。

（5）2012 年 3 月底，完成征求意见稿，发往各省计量技术机构、水表和热水表制造单位、水表检定站、热水表使用单位，征求意见。

（6）2012 年 9 月 23—24 日，在山东济宁召开第 3 次起草组工作会议，讨论征求意见回复情况和处理意见，初步形成送审稿，报全国流量容量计量技术委员会审定。

（7）2012 年 10 月 22—23 日，主要起草单位成员参加于英国伦敦召开的水表国际标准和国际建议联合工作会议。

（8）2012 年 12 月，T130 等级热水表的水温过载试验装置在河南新天科技股份有限公司研制成功，2012 年 12 月—2013 年 3 月对国内现有 T90 等级的热水表进行了该项试验，也对浙江温岭甬岭水表有限公司研制的 T130 等级热水表产品进行了试验。

（9）2013 年 10 月，完成试验报告和测量结果不确定度分析，主要起草单位成员在云南昆明讨论定稿。

（10）2014 年 3 月，对照 OIML R49：2013 重新核定了送审稿和相关上报资料。

（11）2014 年 5 月，根据委员会提出审定意见，8 月据此完成修改。

四、规程修订的主要技术依据及原则

GB/T 778.1—2007 封闭满管道中水流量的测量 饮用冷水水表和热水水表 第 1 部分：规范

GB/T 778.2—2007 封闭满管道中水流量的测量 饮用冷水水表和热水水表 第 2 部分：安装要求

GB/T 778.3—2007 封闭满管道中水流量的测量 饮用冷水水表和热水水表 第 3 部分：试验方法和试验设备

JJG 162—2009 冷水水表

OIML R49 -1：2013（E） 测量可饮用冷水和热水的水表 第 1 部分：计量和技术要求（Water meters intended for the metering of cold potable water and hot water—Part 1：Metrological and technical requirements）

OIML R49 -2：2013（E） 测量可饮用冷水和热水的水表 第 2 部分：试验方法（Water meters intended for the metering of cold potable water and hot water—Part 2：Test methods）

五、修订内容的原则和重点

（1）规程格式按 JJF 1002—2010《国家计量检定规程编写规则》进行编写（本规程不包括大纲，大纲格式按 JJF 1016—2009《计量器具型式评价大纲编写导则》另行起草）。

（2）热水表产品参数按 OIML R49：2013 修改，除了范围度的选择有所不同外，与现行冷水水表规程基本一致。

（3）由于国内热量表与热水表的密切联系，及准确度等级与最大允许误差通常的关联，考虑到与现行 GB/T 778 的要求一致和 OIML R49 的修订趋势，送审稿中热水表的准确度等级定为 1 级、2 级，高区最大允许误差分别为 ±2% 和 ±3%。但这样处理暂没能解决好与热量表准确度等级的关系，需有待液体流量计准确度系列概念重新梳理。

（4）规程不分温度范围（现行标准规定冷水的最大允许误差、热水的最大允许误差分别规定，以 30℃ 为分界），即如果热水表的工作温度范围如覆盖冷水的 0.1℃～30℃ 温度，不再以冷水的计量要求为准，统一以热水的计量要求为准。这一点与现行国家标准不同，要求放宽，操作上简洁。

（5）适用范围按目前国内的产品特点和试验装置能力，限于 DN300 以下、T130，但目前超过 100℃ 热水的试验装置很少。

（6）补充了计量单元可更换水表的试验处理方法，即允许利用相同的外壳对计量单元进行检定，来替代完整表的检定。

（7）检定和试验的装置主要选择质量法热水流量标准装置，不排除其他装置。引入流量时间法（包括双时间检定法）等自动校表方法。

（8）检定周期仍按目前国内强制检定计量器具的规定。

六、审定会后的处理

（1）删除“3.1.4 墨盒式水表”的术语内容及正文中相关内容。

（2）删除表 1 中不适用本规程的 T180 和 T30/180 等级。

（3）删除 6.5 中 1）“安装敏感度等级，将安装敏感度内容放入使用说明书或数据单”；

（4）公式（3）中的密度 ρ 参数由密度计测得。如果用水温测量值换算成密度值，该计算软件应得到确认。

（5）删除了有关使用中最大允许误差为 2 倍的规定，因为检定项目一览表中“使用中检查”未包括“示值误差”项目。

（6）补充了 6.3.4 流动剖面敏感度等级的规定和表 2、表 3，因为在冷水水表规程正文中未专门提及，而 OIML R49：2013 已要求水表在度盘或铭牌上进行标注。

第二节　JJG 686—2015《热水水表》解读

1　范围

本规程适用于标称口径不大于 300mm 的热水水表（以下简称热水表）的首次检定、后续检定和使用中检查。

本规程所指热水表为测量流经封闭满管道热水、温度等级为 T70～T130 的水表，包括机械式热水表、配备了电子装置的机械式热水表、基于电磁或电子原理工作的热水表。

解读：本规程适用范围中对热水表标称口径和最高工作温度作了限制，主要是考虑到国内实际使用的产品需求和使用现状。

2　引用文件

本规程引用下列文件：

JJG 162—2009　冷水水表

JJG 164—2000　液体流量标准装置

GB/T 778.1—2007　封闭满管道中水流量的测量　饮用冷水水表和热水水表　第 1 部分：规范

GB/T 778.2—2007　封闭满管道中水流量的测量　饮用冷水水表和热水水表　第 2 部分：安装要求

GB/T 778.3—2007　封闭满管道中水流量的测量　饮用冷水水表和热水水表　第 3 部分：试验方法和试验设备

OIML R49－1：2013（E）　测量可饮用冷水和热水的水表　第 1 部分：计量和技术要求（Water meters intended for the metering of cold potable water and hot water—Part 1：Metrological and technical requirements）

OIML R49－2：2013（E）　测量可饮用冷水和热水的水表　第 2 部分：试验方法（Water meters intended for the metering of cold potable water and hot water—Part 2：Test methods）

凡是注日期的引用文件，仅注日期的版本适用于本规程；凡是不注日期的引用文件，其最新版本（包括所有的修改单）适用于本规程。

解读：引用文件中的 JJG 162—2009 和 GB/T 778—2007 是目前水表产品的主要技术文件，分别参照了 OIML R49：2006 和等同采用了 ISO 4064：2005，两个技术文件基本相同、也有差异。2013 年发布的水表国际建议 OIML R49 的 3 部分内容与新修订的水表国际标准 ISO 4064 前 3 部分完全相同。

3　术语和计量单位

3.1　术语

除了引用 JJG 162 所规定的术语外，本规程还引用下列术语。

解读：热水表术语中的水表组成、计量特征、工作条件、试验条件、电子装置等均与冷水表规程 JJG 162 相同。

3.1.1 流量时间法 flowrate – time method

在检定过程中流经水表的水量通过流量和时间的测量结果来确定，可以通过在规定的时间内进行一次或多次流量的重复测量来实现。但要避免在试验开始和结束时的非恒定流量区进行瞬时流量测量。

解读：这是一种相对于收集法的另一种试验方法。相对于采用水表的累积流量相比较的收集法，流量时间法采用了瞬时流量比较，瞬时流量可利用直接显示或间接测量。被检表一般可读取其指示流量的最小单元（而不是最小分格值单元）的走动信号，标准流量可用标准表或产生标准流量的装置。在试验时间段流量稳定条件下，被检表与标准表的取值起始时间不要求一致，可实现快速测试。

3.1.2 水表温度等级 meter temperature class

水表中根据所适用的水温最高值和最低值所制定的等级，以字母 T 和水温特性值的数字表示。

注：如 T90 代表最低工作温度为 0.1℃、最高为 90℃ 的热水水表工作范围，T30/130 代表最低工作温度为 30℃、最高为 130℃ 的热水水表工作范围。

解读：习惯上以水表的最高工作温度并结合参比水温来区分冷水表和热水表，如最高工作温度 30℃ 和 50℃、参比水温 20℃ 的产品为冷水表，最高工作温度 70℃ 及以上、参比水温 50℃ 的产品为热水表。

3.1.3 辅助装置 ancillary device

用于执行某一特定功能，直接参与产生、传输或显示测量结果的装置。主要有以下几种：

a）调零装置；

b）价格指示装置；

c）重复指示装置；

d）打印装置；

e）存储装置；

f）税控装置；

g）预调装置；

h）自助装置；

i）流动传感器运动检测器（可从指示装置中清晰看出）；

j）远传读数装置（永久或临时）；

k）温度测量显示装置（电子式）。

解读：以上所罗列的均按 OIML R49 和 GB/T 778 内容，国内主要在带电子装置水表和电子水表产品的设计可实现这些辅助功能。部分热量表产品作为热水表使用时可带有部分辅助功能。

3.1.4 计量元件可更换式水表 meter with exchangeable metrological unit

包含了经过相同型式批准的连接接口和可更换测量元件的常用流量 $Q_3 \geq 16\mathrm{m}^3/\mathrm{h}$ 的水表。

解读：这是 OIML R49：2013 中补充定义的一种新名称水表，这种水表在型式评价试验和检定时采纳的方法可与常规水表有区别。

3.2 计量单位

（1）体积：立方米，符号 m^3。

（2）流量：立方米每小时或升每小时，符号 m^3/h 或 L/h。

（3）温度：摄氏度，℃。

4 概述

4.1 原理和结构组成

典型的热水表工作原理是采用叶轮式或螺翼式机械传感器，测量水流速，将流速信号转换成转速信号输入计算器，积算出流过的热水体积并在指示装置上显示。热水表的测量原理一般采用机械原理，也可采用电子或电磁原理。采用电子或电磁原理测量时，可能采用转换器对信号进行转换。热水表可以安装辅助装置以检测、显示和传输水温等信号。

热水表应至少包括测量传感器、计算器（可包括调节或修正装置）、指示装置三个部分，各部分可组为一体，也可以安装在不同位置。

热水表可以配备用于完成特定功能的辅助设备，如远传装置等。

采用电子或电磁原理测量的热水表（如电磁水表、超声水表等）的具体工作原理和结构组成可以参考相同工作原理的流量计检定规程。

解读：热水表是以测量介质命名的一种流量计。实现测量结果的方式有多种，分为机械式原理、电子或电磁原理。电磁水表和超声水表等与同原理结构的流量计具有高度的相似性，但只有符合水表（包括冷水表、热水表）计量要求、技术参数要求，并按水表型式评价大纲进行试验并通过的产品才能归类到水表类产品。

4.2 分类

4.2.1 按热水表的工作原理和组成结构，热水表一般可分机械式热水表和带电子装置热水表。

4.2.2 带电子装置热水表是装备了电子装置以实现预定功能的热水表。带电子装置水表包括配备了电子装置的机械式水表、基于电磁或电子测量原理工作的热水表。电子装置包括流量信号转换和处理单元，并可附加存贮装置、预调装置等。

注：带电子装置水表所用的机械式水表一般称为基表。

4.2.3 热水表按温度等级分类及对应的工作水温范围见表1。

表1 热水表的温度等级

等级	最低允许工作水温 ℃	最高允许工作水温 ℃	备注
T70	0.1	70	
T90	0.1	90	
T130	0.1	130	
T30/70	30	70	
T30/90	30	90	
T30/130	30	130	

解读：与 GB/T 778 对照相比，表1的水表温度等级缺少了冷水表的 T30 和 T50 以及国内尚未生产和使用的热水表的 T180 和 T30/180。

5 计量性能要求

5.1 Q_1、Q_2、Q_3、Q_4 的值

5.1.1 热水表的流量特性由 Q_1、Q_2、Q_3、Q_4 确定。

5.1.2 热水表应按 Q_3（以 m^3/h 为单位）和 Q_3/Q_1 的比值标志。

解读：按 GB/T 778—1996、JB/T 8802—1998 生产的产品，其最小流量、分界流量、常用流量和过载流量分别用 q_{min}、q_t、q_p、q_s 表达，中文名称相同，相互之间的数值关系与 Q_1、Q_2、Q_3、Q_4 不同。

5.1.3　常用流量 Q_3 值从下列值中选用：

1	1.6	2.5	4	6.3
10	16	25	40	63
100	160	250	400	630
1000	1600	2500	4000	6300

以上值的单位为 m^3/h，并可以按系列向更高或更低值方向扩展。

解读：这一系列数是按 GB/T 321《优先数和优先数系》中的 R5 系列数中选择。水表常用流量 Q_3 值与其标称口径没有一一对应关系，即相同口径的水表可能选择不同的常用流量。

5.1.4　量程比 Q_3/Q_1 的比值从以下值中选择：

40	50	63	80	100
125	160	200	250	315
400	500	630	800	1000

以上值可以按系列向更高值方向扩展。

Q_3/Q_1 可以用符号 R 表示，如 R_{100} 表示 $Q_3/Q_1=100$。

解读：这一系列数是按 GB/T 321《优先数和优先数系》中的 R10 系列数中选择。

Q_3/Q_1 和 5.1.5 的 Q_2/Q_1 的比值选择取代了 GB/T 778—1996 和 JJG 686—2006 中有关计量等级 A、B、C、D 的表达，可以更清晰地表达水表的范围度或量程，选择面更多。

为了不影响技术进步，OIML R49：2013 的 Q_3/Q_1 可选择的最小值定为 40（OIML R49：2006 中该值为 10），相当于原计量等级 A 级的水准。

5.1.5　Q_2/Q_1 的比值一般应为 1.6。

注：对 Q_3 超过 $16m^3/h$ 的热水表，Q_2/Q_1 也可为 2.5、4、6.3。

解读：在 GB/T 778 中，Q_2/Q_1 的比值现阶段对所有规格水表均为 1.6。考虑到国内产品现状和实际需求，国内对非户用水表允许 Q_2/Q_1 仍可选择 2.5、4、6.3，扩大水表的低区范围。

5.1.6　Q_4/Q_3 的比值应为 1.25。

5.2　准确度等级和最大允许误差

热水表的准确度等级分为 1 级、2 级。

热水表在其工作水温范围内，按流量高区、低区确定其最大允许误差。热水表的设计和制造应使热水表在其额定工作条件范围内的示值误差不超过 5.2.1 ~ 5.2.3 所规定的最大允许误差。

解读：2 级是大部分热水表产品首选的准确度等级。

1 级的规定是 OIML R49：2006 开始对非户用水表推荐选用的，现行的 GB/T 778—2007 还没有这一等级的规定。电磁水表、超声水表等带电子装置水表较易达到该准确度等级。

5.2.1　1 级热水表（准确度等级为 1 级）

热水表的最大允许误差在高区（$Q_2 \leq Q \leq Q_4$）为 ±2%，低区（$Q_1 \leq Q < Q_2$）为 ±3%。

5.2.2　2 级热水表（准确度等级为 2 级）

热水表的最大允许误差在高区（$Q_2 \leq Q \leq Q_4$）为 ±3%，低区（$Q_1 \leq Q < Q_2$）为 ±5%。

解读：水表的准确度等级与最大允许误差对应性是以冷水水表的高区为对象的，如 2 级冷水表的高区最大允许误差为 ±2%，1 级冷水表的高区最大允许误差为 ±1%。热水表的最大允许误差比同等级的冷水表低 1%。

对测量介质温度包含了冷水和热水的热水表（如 T30/90），规程用统一的热水最大允许误差，不对冷水使用条件下另行规定（与热量表的规定接近，比 GB/T 778 和 OIML R49：2013 的要求降低）。

5.2.3　组合式热水表和计量元件可更换式热水表的最大允许误差根据其准确度等级不应超过 5.2.1 或 5.2.2 的规定值。

5.2.4　热水表的相对示值误差 E 用百分数表示，并按式（1）计算。

$$E = \frac{V_i - V_a}{V_a} \times 100\% \tag{1}$$

式中：

V_i——指示体积，m^3；

V_a——实际体积，m^3。

5.2.5　如果热水表可以计量反向流，则反向流期间的实际体积应从显示体积中减去反向流体积，或者单独记录。正向流和反向流都应符合最大允许误差的要求。不同流向下的常用流量和流量范围可以不同。

如果热水表不能计量反向流，则应能防止反向流，或者能承受意外反向流而不致造成正向流计量性能发生任何下降或变化。

5.2.6　在热水表额定工作条件范围内温度和压力变化时，热水表应符合最大允许误差的要求。

5.2.7　当流量为零时，热水表的积算读数应无变化。

6　通用技术要求

6.1　材料和结构

6.1.1　热水表的制造材料应有足够的强度和耐用度，以满足热水表的使用要求。

6.1.2　热水表的制造材料应不受工作温度范围内水温变化的不利影响（见 6.4）。

6.1.3　热水表内所有接触水的零部件应采用通常认为是无毒、无污染、无生物活性的材料制造。

6.1.4　整体热水表的制造材料应能抗内、外部腐蚀，或进行适当的表面防护处理。

6.1.5　热水表的指示装置应采用透明窗保护，还可配备一个合适的表盖作为辅助保护。

6.1.6　如果热水表指示装置透明窗内侧有可能形成冷凝，热水表应安装消除冷凝的装置。

解读：材料结构要求与冷水表基本相同，并按热水表工作温度范围来选取。热水表所测试的介质未要求是可饮用的热水，所以与水接触的零部件无饮用水卫生方面的试验要求。

许多机械式热水表外本体涂以红色，警示热水介质一定程度的危险性。不过目前尚无标准强制规定热水表本体的颜色。

6.2　调整和修正

6.2.1　热水表可以安装调整装置和（或）修正装置。

6.2.2　如果这些装置安装在热水表外，应采取封印措施（见 6.7）。

解读：对热水表的误差曲线，调整装置起的作用是平移曲线，尽量消除系统误差，使其落在误差限内（调节齿轮比或流量系数等）；修正装置是对部分流量点或流量段的误差进行修正，改善整条误差曲线的线性，使其满足误差限的要求。

6.3　安装条件

6.3.1　热水表的安装应使其在正常条件下完全充满水。

6.3.2 如果热水表的准确度可能受到水中存在固体颗粒的影响，应配备过滤器，安装在其进口或在上游管线。

6.3.3 如果热水表的准确度容易受到上游或下游管段的漩涡的影响（如由于弯头、阀门或泵引起的），应按制造商的规定安装足够长的直管段，安装（或不安装）整直器，以满足热水表的最大允许误差要求。

解读：热水表大部分是速度式流量仪表，一般都会有上下游直管段的要求，无论试验、检定或使用，都应考虑这一要求。已有部分热水表产品（包括机械式水表和电磁水表）在内部结构上做了消除漩涡的设计，使其减小甚至不需要直管段的要求。

6.3.4 流动剖面敏感度等级

制造厂应依据 GB/T 778.3 规定的相关试验的结果，按照表 2 和表 3 的等级规定流动剖面敏感度等级。

制造厂应详细说明需要使用的流动调整段，包括整直器和（或）直管段，并将其作为被检测的这一类热水表的辅助装置。

表 2 对上游流速场不规则变化的敏感度等级（U）

等级	必需的直管段（×DN）	需要整直器
U0	0	否
U3	3	否
U5	5	否
U10	10	否
U15	15	否
U0S	0	是
U3S	3	是
U5S	5	是
U10S	10	是

注：表中 DN 为热水表的标称口径，下同。

表 3 对下游流速场不规则变化的敏感度等级（D）

等级	必需的直管段（×DN）	需要整直器
D0	0	否
D3	3	否
D5	5	否
D0S	0	是
D3S	3	是

解读：流动剖面敏感度等级是通常所说的安装直管段要求。国内大部分产品在上下游流速场不规则变化的敏感度等级未做详细的试验，其标注的等级通常按最保守的 U10 和 D5，俗称前直管段 10 倍 DN，后直管段 5 倍 DN，而在串联试验时又无视这些要求，这是水表在各种安装条件下的试验结果不统一的重要因素之一。

6.4 额定工作条件

a）流量范围：$Q_1 \sim Q_3$；

b）环境温度：5℃ ~55℃；

解读： 装在户外的水表设计要考虑这一要求。安装条件也要满足这一要求。

c）水温：根据表1选择对应温度等级的热水表水温范围；

d）环境相对湿度：0～100%，除了远传指示装置为0～93%外；

e）水压：0.03MPa～最大允许压力MAP（MAP至少为1MPa）；

f）工作电源：外部供电的，交流电或外部直流电的工作电压变化范围应在标称电压的－15%～＋10%内，交流电频率变化范围应在标称频率的±2%内；电池供电的，工作电压范围为制造商说明的最低电压 U_{bmin}～全新电池的电压 U_{bmax}。

6.5 标记和铭牌

应清楚、永久地在热水表外壳、指示装置的度盘或铭牌、不可分离的热水表表盖上，集中或分散标明以下信息。

a）计量单位：立方米或 m^3；

b）准确度等级：如果不是2级，应标明；

c）Q_3 值，Q_3/Q_1 的比值，Q_2/Q_1 的比值（当不为1.6时应注明）；

解读： 当热水表可以在不同安装方式下工作时，可以对应标注对应的 Q_3 值，Q_3/Q_1 的比值，Q_2/Q_1 比值。

d）制造计量器具许可证和型式批准的标志和编号（或预留相应的设计位置）；

注：进口计量器具应标明型式批准标志和编号。

e）制造商名称或商标；

f）制造年月和编号（尽可能靠近指示装置）；

g）流向（在热水表壳体二侧标志，或者如果在任何情况下都能很容易看到流动方向指示箭头，也可只标志在一侧）；

h）最大允许压力：如果不为1MPa，应标明；

i）安装方式：如果只能水平或垂直安装，应标明（H代表水平安装，V代表垂直安装）；

j）温度等级；

k）最大压力损失：如果不为0.063MPa，应注明；

注：可按GB/T 778.1规定标注压力损失等级。

解读： 许多水表度盘较小，能容纳的信息标注相对有限，所以有些参数内容不标注可默认，有些写入说明书等材料。热水表在准确度等级为2级、最大允许压力为1MPa、最大压力损失为0.063MPa的情况下，可以省略相应标注。

对于带电子装置热水表，附加的标识应标明：

l）外电源：电压和频率；

m）可换电池：最迟的电池更换时间；

n）不可换电池：最迟的热水表更换时间；

o）气候与机械环境等级；

p）电磁环境等级。

注：热水表可用相应的符号标注来反映对流动剖面敏感度等级、气候和机械环境等级、电磁兼容等级，以及提供给辅助装置的信号类型等要求。此类信息可在热水表上标注，也可在说明书或相关数据单注明。

6.6 指示装置

热水表的指示装置要求应符合JJG 162—2009第6.6的要求。

6.7 防护装置

6.7.1 机械封印

热水表应配置可以封印的防护装置，以保证在正确安装热水表前和安装后，在不损坏防护装置的情况下无法拆卸或者改动热水表和（或）调整装置或修正装置。

对计量单元可更换式热水表，其调节器应与计量单元一体，并且在封印后，不可调节。

6.7.2 电子封印

6.7.2.1 当机械封印装置不能阻止对确定测量结果有影响的参数被接触时，保护措施应符合以下规定：

a）参数接触只允许被授权的人进行，如采用密码（关键词）或特殊设备（如钥匙）的方法。密码应可更改。

b）至少最后一次存取干预行为应被记录。记录中应包含日期和能够识别实施干预的授权人员的特征要素［见上一条 a）规定］。如果最后一次干预的记录未被下一次干预所覆盖，至少应保证两年的追溯期。如果能记忆二次以上的干预，但必须删除先前的记录才能记录新的干预，应删除最老的记录。

6.7.2.2 热水表有可以被用户分开的可互换部件时，应满足以下规定：

a）除非符合 6.7.2.1 的规定，否则不能在断开点接触参与确定测量结果的参数；

b）应采用电子和数据处理保密装置，或在电子方法不可能时采用机械装置，以防止插入任何可能影响测量结果的部件。

6.7.2.3 对于装有可被用户分开但不可互换的部件的热水表，应符合 6.7.2.2 的规定。另外，这类热水表应配备一种装置，使得当各种部件不按制造商的配置连接时热水表不能工作。

注：用户擅自分离部件是不允许的，应防止这种行为，如利用一个装置，在部件被分开和重新连接后禁止所有测量。

6.8 密封性

热水表应在 1.6 倍最大允许压力下，持续 1min 无外渗漏。

同轴热水表与集合管间的密封件应保证热水表的入口和出口通道之间不发生泄漏。

带电子装置热水表内部如有控制阀门，则阀门处于关闭状态时在最大允许压力下应无内泄漏或不超过产品标准规定的泄漏量。

解读：表体密封性要求与 GB/T 778 出厂检验要求相同。水表部件要求与目前行业标准相同。

6.9 带电子装置热水表

6.9.1 外观

带电子装置热水表应有良好的表面处理，不得有毛刺、划痕、裂纹、锈蚀、霉斑和涂层剥落现象。

显示的数字应醒目、整齐，表示功能的文字符号和标志应完整、清晰、端正。

读数装置上的防护玻璃应有良好的透明度，没有使读数畸变等妨碍读数的缺陷。

6.9.2 功能

带电子装置热水表应根据产品特性具备相应的功能，并符合产品标准或使用说明书的相关要求。

这类功能通常有显示功能、查询功能、提示功能、控制功能、保护功能等。有水价计算显示的热水表还应有价格设置、分段（或分时）水价计算显示功能，单价的数字位数、用水段的划分应能满足用水管理的需要。

如有按键开关、接触式或非接触式控制器（如 IC 卡、磁棒等），操作应灵活可靠。

6.9.3 信号转换

配备电子装置的机械式热水表（包括电子远传热水表和 IC 卡热水表等），其信号转换应准确可靠。

6.9.4 电源

电源中断或更换电池时，故障之前的热水表主示值应不丢失。

6.10　辅助装置

热水表辅助装置功能应符合其产品标准或使用说明书的要求。

辅助装置的永久性安装不应影响热水表的计量性能和主示值的读数。

7　计量器具控制

计量器具控制包括首次检定、后续检定和使用中检查。

首次检定、后续检定和使用中检查按 7.1～7.5 的要求进行。

7.1　检定条件

7.1.1　流量标准装置

a）热水表检定一般采用质量法热水流量标准装置（又称热水表检定装置），也可以采用标准表法流量标准装置、容积法热水流量标准装置、流量时间法热水流量标准装置等。当使用这些装置检定时，应保证流经被检表和标准器处的热水温度符合检定水温的要求。

仲裁检定时，用质量法热水流量标准装置进行检定。

b）热水表检定装置的扩展不确定度（$k=2$）应不大于热水表最大允许误差绝对值的三分之一，具有有效的检定或校准证书。

解读：质量法热水流量标准装置是进行固有误差试验的主要装置，其扩展不确定度为标准体积值的不确定度。典型的质量法热水流量标准装置见图 3-2-1。

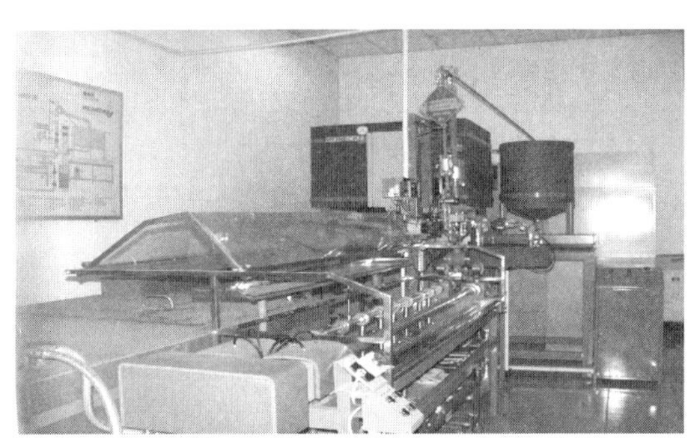

图 3-2-1　质量法热水流量标准装置实物图

c）热水表检定装置的试验流量范围、试验通径范围、试验段安装条件应能满足被检热水表的要求。

d）质量法热水表检定装置应配置密度计，最大允许误差应不超过 ±0.05%；如果采用的计算软件用水温测量值换算成密度值，则该软件相关功能的可靠性应得到确认。

e）热水表检定装置应有必要的安全装置，以防热水介质意外泄漏伤及操作人员。

解读：对串联试验的装置，水温尽可能在每台被试热水表的入口位置测量。如果不能做到，则至少有测量第 1 台的入口处以及最末端水表的出口处水温的装置，用线性插值等方法计算出各台位被试热水表的水温。

收集法的热水体积通常用称重值除以水密度得到。容器内热水密度值可以用密度计实测，但直接测量是比较烦琐的事，水温的变化也影响测量结果。通常用计算公式换算到被试水表水温和压力下的体积。这一换算通常按国际水和水蒸汽性质协会（IPAWS）相关公式进行，由于这些公式是基于蒸馏水的结果，国内各地水质情况不同，各种版本的水温与水密度的表格数据也有差异。因此适当的验证以确定因此而带来的不确定度是必要的。

7.1.2　成组试验

热水表可单台试验。同型号规格的热水表也可成组试验。成组试验时，出口压力应符合 7.1.6

的要求，热水表间应无明显相互影响。

7.1.3 检定环境和场所

检定环境应符合热水表的额定工作条件。

试验场所应排除其他外界干扰影响（如振动、外磁场等）。

7.1.4 安装

检定时，热水表的安装应符合其使用说明书的要求，尽可能避免有弯头、泵、锥管和上游管道直径变化等，并在上下游设置最大长度的直管段。安装应满足热水表流动剖面敏感度等级的要求。

热水表与上、下游直管段要同轴安装，密封件不得凸入管内。

整个检定管路系统在检定时应无泄漏或渗漏，也无空气吸入管内。

7.1.5 检定介质和温度

检定介质为热水，水温为50℃ ±10℃。

在一次检定试验期间，水温变化应不超过5℃。

水介质的电导率可能会影响采用电磁感应原理的热水表，水介质的电导率应在制造商规定的数值范围内。

7.1.6 水压

检定时，热水表入口处的压力应不大于被检热水表的最大允许工作压力，热水表的出口压力应不小于0.03MPa。

热水表上游的压力应保持稳定。应采取稳压措施，使热水表上游的压力变化不超过10%。在一次检定过程中，应尽可能消除水锤、脉动、振动等因素的干扰。

解读：最低压力要求是为了防止试验段产生气穴现象。解决的方法之一是试验段出口设计一段3m高的垂直管路，保证水表的背压不小于0.03MPa。

7.1.7 流量

在一次检定试验期间，流量应恒定在选定值上。各次试验期间流量的相对变化（不包括启动和停止）在低区应不超过 ±2.5%，在高区应不超过 ±5%。

7.2 检定项目

热水表的检定项目列于表4中。

表4 检定项目

序号	检定项目	检定类别		
		首次检定	后续检定	使用中检查
1	外观和功能检查	+	+	+
2	密封性检查	+	+	+
3	示值误差检定	+	+	-
注：表中“+”号表示应检项目，“-”号表示可不检项目。				

7.3 检定方法

7.3.1 外观和功能检查

用目测法和常规检具检查，热水表的外观应符合本规程6.5~6.7的要求。带电子装置热水表还应符合6.9.1的要求。

功能检查一般只对带电子装置热水表进行，检查应选择与法制计量管理有关的内容，如与主示值有关的显示和信号转换功能。这些功能应符合相应产品标准技术要求的有关规定。

使用中检查时，该项检查主要为热水表的保护装置是否有效、指示装置是否清晰可读。

7.3.2　密封性检查

把热水表安装在耐压试验台或带耐压装置的热水表检定装置上，先通热水排除试验设备和热水表内的空气，并使热水表预热一段时间（至少3min），然后缓慢升压，使热水表承受规定的试验静压力。试验时水压的增压速度应缓慢平稳，水温控制在参比温度范围。

首次检定和后续检定时，试验压力为热水表最大允许压力，持续时间不少于1min，热水表应无渗漏现象。

注：对计量单元可更换的热水表，后续检定如采用只对计量单元进行检定时，可不进行密封性检查，但要求在示值误差试验时装配安装无渗漏。

使用中检查时，热水表应在使用场合不超过其技术参数下的最大工作压力和最高温度下无渗漏。

解读：对密封性试验，有意见提出对表体和表内部件分别要求。国内IC卡带阀门的水表多、湿式表多，阀门和表玻璃都承受试验压力，过高的试验压力和试验次数对水表表体和部件的强度是有损伤的，因此在密封性试验中规程仍按冷水表一样，按1倍最大工作压力（MAP）来检查。现行水表国家标准中出厂检验按1.6倍MAP/1min，首检和后续检定按1倍MAP/1min来做。

7.3.3　示值误差检定

7.3.3.1　检定介质

热水表的检定介质热水水温应符合7.1.5的要求。

7.3.3.2　检定流量

一般情况下，在首次检定和后续检定时，每一台热水表均应在常用流量Q_3、分界流量Q_2和最小流量Q_1三个流量点进行检定。水温应符合7.1.5。实际流量值应分别控制在：

a）$0.9Q_3 \sim Q_3$之间；

b）$Q_2 \sim 1.1Q_2$之间；

c）$Q_1 \sim 1.1Q_1$之间。

注：当热水表的工作温度范围覆盖冷水0.1℃～30℃范围时，一般情况下不进行冷水介质的检定。仲裁检定时，如果需要检定热水表在冷水下的计量性能，则按JJG 162—2009 7.3.3规定方法进行，水温控制在冷水参比温度15℃～25℃内，流量点为Q_3，检定结果按5.2.1～5.2.3规定进行判定。

如果热水表的型式批准证书规定了替代的试验流量，则可在证书规定的流量下进行检定。

在一次检定过程中，热水表应连续运行。

解读：GB/T 778和OIML R49均规定在常用流量Q_3、分界流量Q_2和最小流量Q_1检定。最小流量Q_1、分界流量Q_2的值均较小且接近，检定时应严格控制流量点的范围，否则会出现一些结果异常情况。

7.3.3.3　检定用水量

检定热水表示值误差时，检定用水量的确定与热水表的准确度等级、最小检定分格值、热水表的复合惯性和热水表动态人工读数误差等有关。增加检定用水量或在稳流状态下换流可以降低测量不确定度。

如果用流量时间法或其他自动控制和读数方法进行检定，可以减少检定用水量，但这类方法应保证热水表的示值误差测量结果不确定度不超过其最大允许误差的三分之一。

用启停法热水表检定装置检定准确度等级2级的热水表时，一次检定的用水量应不小于热水表最小检定分格值的200倍；检定准确度等级1级的热水表时，一次检定的用水量应不小于热水表最小检定分格值的400倍。

如果热水表是电子式按间隔时间阶段显示，则在稳定流量状态下人工读数时，应考虑按其在检定流量下对应的体积增量作为热水表的检定分格值，以确定合适的检定用水量。

解读：目前户用小口径水表产品中，手工操作和人工读数带来的不确定度较大，检定效率不高，在范围度 Q_3/Q_1 较大时，最小流量和分界流量下的检定均需较长的时间。采用自动化程度高的读数和测量装置是提高这类水表检定效率的有效方式。

7.3.3.4 水表读数

检定标度连续变化时，热水表每次读数的最大内插误差一般不超过1/2最小检定分格值。因此在测量热水表的排出体积时（观察热水表二次），总的内插误差可达到1个最小检定分格值。

对于检定标度不连续变化的数字式指示装置，读数误差最大为1个间隔数字，热水表排出体积（观察热水表二次），总的读数误差可达到2个最小间隔数字。

某些类型的热水表可能具有供测试用的脉冲输出或状态设定，如果有，应按其使用说明书进行读数的连接配置和数据处理。

a）热水表静止时读数

安装在热水表下游的阀门控制试验时的流量，关闭该阀门使水停止流动。当流量为零时，热水表的积算读数应无变化。热水表静止时读数是在其指示装置静止后读取热水表指示值。

b）在稳定流量状态下换流时读数

检定在流动状态稳定后进行。检定开始时，换向器将水流导入一个经过校准的容器，结束时将水流导出。读数在热水表运转时进行。

对热水表读数应与流动换向器的动作同步。

注：当热水表运行时的人工读数达不到静止状态时读数的准确度时，应采用附加装置（如光电传感器等）进行热水表的读数。否则应重新对人工读数准确性进行评估，增加检定用水量。

c）流量时间法读数和计算

当采用流量时间法时，一般可以采用附加装置（如光电传感器等）对被检热水表和/或读取完整的信号数目 N 和对应的时间，并按信号的体积当量 K 换算出试验期间热水表和/或标准表的指示体积 V：

$$V=\frac{N_{\mathrm{i}}K}{t_{\mathrm{i}}}\times t_{\mathrm{s}} \tag{2}$$

式中：

V——被检热水表或标准表的指示体积，m^3；

N_{i}——被检热水表或标准表的完整信号采读数目；

t_{i}——对应完整信号数目 N_{i} 的采读时间，s；

K——信号的体积当量，m^3；

t_{s}——检定时间，s。

流量时间法的采样读数应在稳定流量下进行。只要测量不确定度满足要求，检定时间 t_{s} 可以与热水表或标准表的信号采读时间 t_{i} 相同或更长。

对于带有瞬时流量指示的标准表或标准装置，也可采用重复测量的方法，对流量显示值间隔读数取平均值的方法得到瞬时流量。

7.3.3.5 操作步骤

a）首先按产品安装指示把被检热水表正确地安装在热水表检定装置的试验段上，用热水表允许的流量通水，排除热水表和管道中的空气，同时使热水表平稳运转一段时间。从热水表至热水表检定装置标准器的试验管路应无渗漏。

b）如用带换向器的质量法热水表检定装置检定，先用调节阀把试验流量调整到规定的流量值，并将所选用容器的秤置零或复位，待热水表指示至起始值 V_0 时，启动换向器切换水流，使其注入该容器；当热水表指示值达到预先设定值 V_1 时，切换水流，计算热水表的指示体积 V_{i}（$V_{\mathrm{i}}=V_1-V_0$）；

如用不带换向器的质量法热水表检定装置检定，则先使热水表停止运行，将其指针对准零线或某一刻度线，读取初始读数 V_0，试验结束后，待热水表停止运转后读取并记录热水表终止读数 V_1，计算热水表的指示体积 V_i（$V_i = V_1 - V_0$）；

待量器的水位静止后读取并记录量器中水的实际 M，测量水温 t 和水密度 ρ，或依据测量水温 t 和计算软件得到水密度 ρ 值。考虑到空气浮力影响，按下式把水的称重读数 M_a 换算到实际体积 V_a：

$$V_a = c \times \frac{M_a}{\rho} \tag{3}$$

式中：

M_a——秤重读数，kg；

ρ——热水密度，kg/m^3；

c——浮力修正系数，用式（4）计算：

$$c = \frac{1 - \frac{\rho_a}{\rho_w}}{1 - \frac{\rho_a}{\rho}} \tag{4}$$

式中：

ρ_a——空气密度，一般取 1.2kg/m^3；

ρ_w——砝码密度，取 7800kg/m^3。

c）如用容积法热水表检定装置检定，参照 b）的方法读取和计算热水表的指示体积 V_i，待量器的水位静止后读取并记录容器中水体积 V_a。容器读数操作时，应控制量器内的热水温度符合 7.1.5 的要求，否则试验结果应修正至 50℃下的体积。

d）如果采用流量时间法，按式（2）分别得到热水表指示体积 V_i 和实际体积 V_a。

7.3.3.6 示值误差计算

热水表的示值误差 E 按式（5）计算：

$$E = \frac{V_i - V_a}{V_a} \times 100\% \tag{5}$$

式中：

V_i——指示体积，m^3；

V_a——实际体积，m^3。

7.3.3.7 检定次数

每个流量点一般检定一次。

如果一次检定的 E 值超过最大允许误差，可重复再做 2 次，以 3 次 E 值的平均值做为该流量点下的示值误差。当后 2 次的 E 值均在最大允许误差内、且 3 次 E 值的平均值也不超过最大允许误差时，可认为检定结果是合格的。

解读：以上处理原则与 OIML R49 规定相同。实际工作中应注意避免意外操作或读数，出现粗大误差情况。

7.3.3.8 热水表检定记录格式（质量法）参见附录 A。

7.3.3.9 首次检定和后续检定时，检定结果应符合 5.2.1～5.2.3 的要求。

7.3.4 计量单元可更换的热水表检定

对计量单元可更换的热水表，应采用相同型式批准的水表外壳只对计量单元进行检定。这种情况下，要求可更换计量单元的调节装置与计量单元是一体且已封印的。检定方法、控制及结果判断按 7.3.3.2～7.3.3.9 进行。检定完毕后，将计量单元安装回原水表表壳，且应在安装现场最严酷的条件下无渗漏。

7.4 检定结果的处理

经检定符合本规程要求的热水表填发相应准确度等级的检定证书、检定合格证，或加盖合格封印；不符合要求的，发给检定结果通知书，并注明不合格项目。证书内页格式见附录 B。

解读：检定证书或检定结果通知书内页中，对示值误差项目的检定结果建议写符合或不符合。如果需写误差结果，应写明对应的检定流量点，以免误用。

7.5 检定周期

7.5.1 对于标称口径小于或等于 50mm 的热水表只作首次强制检定，限期使用，到期更换。

a）标称口径 25mm 及以下的标称口径的热水表使用期限一般不超过 6 年；

b）标称口径大于 25mm～50mm 的热水表使用期限一般不超过 4 年。

7.5.2 标称口径大于 50mm 的热水表检定周期一般为 2 年。

解读：检定周期目前仍按原国家技术监督局技监量发〔1991〕374 号通知《强制检定的工作计量器具强检形式及强检适用范围表》对热水表的规定进行确定，暂保持一致。

附录 A **检定记录参考格式（质量法）**

送检单位＿＿＿＿＿＿＿＿ 检定记录编号＿＿＿＿＿＿＿＿

型号规格＿＿＿＿ 标称口径＿＿＿＿ 表号＿＿＿＿ 准确度等级＿＿＿＿＿＿＿＿

制造商＿＿＿＿＿＿ 制造日期＿＿＿＿＿＿ 商标＿＿＿＿＿＿＿＿

常用流量 Q_3：＿＿＿＿＿ m^3/h Q_3/Q_1：＿＿＿＿＿ Q_2/Q_1：＿＿＿＿＿

检定点	Q (m^3/h)	热水表示值 V_i/L			t/℃	ρ (kg/m^3)	标准器质量示值 M/kg	标准器体积示值 V_a/L	E/（%）
		始 V_0	末 V_1	V_i					
外观和功能检查									
密封性试验									
备注									

检定条件：室温＿＿＿℃ 相对湿度＿＿＿＿% 水压＿＿＿＿＿＿＿＿MPa

检定设备型号＿＿＿＿＿＿ 编号＿＿＿＿＿＿ 准确度等级＿＿＿＿＿＿＿＿

检定结果＿＿＿＿ 检定员＿＿＿＿ 核验员＿＿＿＿＿ 检定日期＿＿＿＿＿＿

附录 B **检定证书和检定结果通知书内页格式**

（一）检定证书内页格式

1. 本次检定所依据的检定规程

JJG 686—2015 热水水表检定规程

2. 本次检定所用计量标准

名称：＿＿＿＿＿＿测量范围：＿＿＿＿＿＿不确定度或准确度等级：＿＿＿＿＿＿

计量标准证书编号：＿＿＿＿＿＿＿＿有效期至：＿＿年＿＿月＿＿日

3. 检定环境条件

环境温度：＿＿＿＿＿℃ 相对湿度：＿＿%

4. 检定结果

检定项目	检定结果
外观和功能	
密封性	
示值误差	
检定结论：合格，符合准确度等级____级的要求。	

（二）检定结果通知书内页格式

检定结果通知书内页格式要求同上，需指明不合格项目，检定结论为不合格。

第三节 JJF 1522《热水水表型式评价大纲》编写说明

一、任务来源

按照国家质检总局计量司国质检量函〔2013〕101 号《质检总局关于下达 2013 年国家计量技术法规制修订计划的通知》，浙江省计量科学研究院、北京市计量检测科学研究院、山东省计量科学研究院、宁波水表股份有限公司、新天科技有限公司、温岭甬岭水表有限公司对 JJG 686—2006《热水表》的型式评价部分进行调整修改，将该部分内容单列起草，以与水表国际建议和国际标准接轨，适应国内行业现状和许可证管理的要求。

二、技术规范修订的必要性和原则

本次修订既与冷热水表国家标准衔接，又体现国际建议和国际标准的改动趋势；既考虑国内的主流热水表产品及检验设备现状，同时在法制管理和检验要求方面不放松要求。技术规范修订还需体现与冷水水表、热量表技术要求和试验方法的协调。

国际标准化组织和国际法制计量委员会经过多年协调，基本统一了水表国际标准 ISO 4064 与国际建议 OIML R49 的内容与格式，这在计量器具方面是不多的。我国水表国家标准等同采用国际标准，但考虑到国家法制计量的要求和国情条件限制，冷水表、热水表规程和型式评价大纲参照采用了国际标准。就在本次起草修订任务收尾之际，ISO 4064：2013 和 OIML R49：2013 已正式颁布。大纲的修订结合了最新的要求，也要考虑到近六年来国家计量管理部门和行业协会在水表管理和技术改进方面所做的工作。

随着热量表在国内的兴起和使用，为热水表及热量表的计量检测创造了有利的条件，改变了热水表的性能研究和法制管理处于一种不规范的状态。不过由于水表行业长期只注重冷水表的性能研究，对热水表的材料工艺的设计和检验能力显得不足。

大纲修订的难点主要有以下几个方面：

（1）试验设备：国内缺少使用高温（水温大于 100℃）和中大口径（标称口径大于 50mm）的热水流量标准装置，处于最大允许水温在 100℃以上的热水表标称口径大于 50mm 的热水表的试验无法进行；国际上了解到的也只有很少的企业能进行大口径热水表的热水流量试验，如德国 MEINECKE 公司、波兰 POWOGAZ 公司，但近年来国内水表企业也没有与这些企业在热水表检测方面进行交流。

（2）热水表原国际标准中规定的一些高计量等级（如 C 级、D 级）和容积式原理的热水表，及现行 GB/T 778—2007 所列的 T180 高水温等级的热水表在我国并没有生产和使用，对国外这方面的产品在国内的试验还没有例子。

（3）国内冷热水等效原则的试验方法未得到确认过，我国对型式评价证书的批准颁布不会包括这种等效原则的具体规定。现状是水表制造企业和水表检定站很多用对待冷水水表的试验方法来开展对热水表的检定。但经过分析和试验，冷热水等效试验难以统一规定，不论是对机械式热水表，还是对采用电子或电磁原理的热水表。

（4）国内企业和检测部门对热水表所采用的机芯材料、磁性材料、密封材料等部件在高温下的性能缺乏有效的检测手段。

三、技术规范修订过程

（1）2011 年 6 月，组成起草组。

（2）2011 年 6 月—7 月，调研工作和试验工作。

（3）2011 年 7 月，主要起草单位成员在杭州召开起草工作组首次会议，讨论国际标准和国际建议，结合国情商谈修订主要原则，布置各单位承担的任务，落实单位研制水温过载试验设备。

（4）2012 年 1 月 7 日，在宁波召开第 2 次起草组工作会议，讨论试验初步情况和需要补充的工作，拟出征求意见稿。

（5）2012 年 3 月底，完成征求意见稿，发往各省计量技术机构、水表和热水表制造单位、水表检定站、热水表使用单位，征求意见。

（6）2012 年 9 月 23—24 日，在山东济宁召开第 3 次起草组工作会议，讨论征求意见回复情况和处理意见，初步形成送审稿，报全国流量容量计量技术委员会审定。

（7）2012 年 10 月 22—23 日，主要起草单位成员参加于英国伦敦召开的水表国际标准和国际建议联合工作会议，了解水表国际文件的修改动向。

（8）2012 年 12 月，T130 等级热水表的水温过载试验装置在河南新天科技股份有限公司研制成功，2012 年 12 月—2013 年 3 月对国内现有 T90 等级的热水表进行了该项试验，也对有关公司研制的 T130 等级热水表产品进行了试验。

（9）2013 年 11 月，在浙江迪元仪表有限公司讨论电磁热水表等相关电子装置要求。

（10）2013 年 12 月，完成技术规范送审稿。

（11）2014 年 5 月，参考 OIML R49：2013 重新核定了送审稿和相关上报资料。

（12）2014 年 5 月，根据委员会提出审定意见，8 月据此完成修改。

四、规范修订的主要技术依据及原则

GB/T 778.1—2007 封闭满管道中水流量的测量 饮用冷水水表和热水水表 第 1 部分：规范

GB/T 778.2—2007 封闭满管道中水流量的测量 饮用冷水水表和热水水表 第 2 部分：安装要求

GB/T 778.3—2007 封闭满管道中水流量的测量 饮用冷水水表和热水水表 第 3 部分：试验方法和试验设备

JJG 162—2009 冷水水表

OIML R49-1：2013（E） 测量可饮用冷水和热水的水表 第 1 部分：计量和技术要求（Water meters intended for the metering of cold potable water and hot water - Part 1：Metrological and technical requirements）

OIML R49-2：2013（E） 测量可饮用冷水和热水的水表 第 2 部分：试验方法（Water meters intended for the metering of cold potable water and hot water - Part 2：Test methods）

五、规范修订内容的原则和重点

（1）大纲格式按 JJF 1016—2014《计量器具型式评价大纲编写导则》进行起草。

（2）热水表产品参数按 OIML R49：2013 修改，除了范围度的选择有所不同外，与现行冷水水表规程基本一致。对大口径热水表保留除 $Q_3/Q_1=1.6$ 以外的范围度参数，范围度最小值为 40（与 OIML R49：2013 一致，与 JJG 162 中的 50 稍有不同）。

（3）由于国内热量表与热水表的密切联系，及准确度等级与最大允许误差通常的关联，考虑到与现行 GB/T 778 的要求一致和 OIML R49 的修订趋势，送审稿中热水表的准确度等级定为 1 级、2 级，高区最大允许误差分别为 ±2% 和 ±3% 。但这样处理暂没能解决好与热量表准确度等级的关系，需有待液体流量计准确度系列概念重新梳理。

（4）不分温度范围（现行标准规定冷水的最大允许误差、热水的最大允许误差分别规定，以 30℃ 为分界），即如果热水表的工作温度范围如覆盖冷水的 0.1℃ ~30℃ 温度，不再以冷水的计量要求为准，统一以热水的计量要求为准。这一点与现行国家标准不同，要求放宽，操作上简洁。

（5）与冷水表相比，热水表产品要少得多。规范适用范围按目前国内的产品特点和试验装置能力，限于 DN300 以下、T130，未包括复式水表和移动式水表，增加了计量单元可更换水表。

（6）补充了无流动试验方法。固有误差试验补充了计量单元可更换水表的试验处理方法，即允许利用相同的外壳对计量单元进行检定，来替代完整表的检定。参照国际标准修订稿，补充了水温过载试验，以该项目来考察热水表水温等级的符合性（特别是 T130）。

（7）与国际建议相比，未保留水压影响试验，大口径热水表的耐久性试验时间强度减小（与目前冷水表规程一致）。

（8）试验的装置主要选择称量法热水流量标准装置。引入流量时间法（包括双时间检定法）等自动校表方法，增加可靠试验性。

（9）对电子热水表和带电子装置热水表，气候、电源、电磁环境试验内容基本引用 JJG 162《冷水水表》的附录 A 型式试验内容，但删除了核查装置检查，调整了试验样机的数量和系列产品的规定。

（10）按 JJF 1016 规定补充了检查和试验记录格式。

六、审定会后的处理

（1）大纲格式按 JJF 1016—2014《计量器具型式评价大纲编写导则》调整。

（2）删除“3.5 墨盒式水表”的术语内容，及正文中相关内容。

（3）删除 7.5 中 1）安装敏感度等级，安装敏感度等级放入使用说明书。

（4）删除 7.13.5“设计检查”及相关内容。

（5）全面修改 10.15 ~ 10.24 中“参照 JJG 162 附录 A……”，避免引用文件内容发生变化后不可操作。

（6）系列产品内容放入正文，并按 JJF 1016 原则重新认定。

（7）电磁兼容试验内容基本按现行水表国家标准确定项目和试验方法，OIML R49：2013 有一些补充和改动只有少部分在本规范中引入。此项内容待冷水水表修订时与国家标准同步修改。

（8）试验记录由于篇幅繁重，国际建议中的格式要求与目前国内型评实验室有差异，大纲只列举了除功能试验和环境试验的试验项目记录格式。

（9）附录补充了流动干扰安装图。

第四节 JJF 1522—2015《热水水表型式评价大纲》解读

1 范围

本型式评价大纲适用于分类编码为 12201000 的热水水表（以下简称热水表）的型式评价，适用范围的热水表标称口径不大于 300mm、最高工作温度不超过 130℃。

解读：本大纲仅适合于热水水表的型式评价试验。适用范围中对热水表标称口径和最高工作温度作了限制，主要是考虑到国内型式评价技术机构现有的试验设备能力以及国内实际使用的产品需求和使用现状。企业热水表的产品研发必须至少满足大纲的要求。

2 引用文件

JJG 162—2009 冷水水表

JJF 1001 通用计量术语及定义

JJF 1004 流量计量名词术语及定义

GB/T 778.1—2007 封闭满管道中水流量的测量 饮用冷水水表和热水水表 第1部分：规范（idt ISO 4064-1：2005）

GB/T 778.3—2007 封闭满管道中水流量的测量 饮用冷水水表和热水水表 第3部分：试验方法和试验设备（idt ISO 4064-3：2005）

GB/T 2421 电工电子产品环境试验 第1部分：总则

GB/T 2422 电工电子产品环境试验 术语

GB/T 2423.1 电工电子产品环境试验 第2部分：试验方法 试验A：低温

GB/T 2423.2 电工电子产品环境试验 第2部分：试验方法 试验B：高温

GB/T 2423.4 电工电子产品环境试验 第2部分：试验方法 试验Db交变湿热（12h+12h循环）

GB/T 2423.43 电工电子产品环境试验 第2部分：试验方法 振动、冲击和类似动力学试验样品的安装

GB/T 2423.56 电工电子产品环境试验 第2部分：试验方法 试验Fh：宽带随机振动（数字控制）和导则

GB/T 2424.1 电工电子产品环境试验 高温低温试验导则

GB/T 17626.2 电磁兼容 试验和测量技术 静电放电抗扰度试验

GB/T 17626.3 电磁兼容 试验和测量技术 射频电磁场辐射抗扰度试验

GB/T 17626.4 电磁兼容 试验和测量技术 电快速瞬变脉冲群抗扰度试验

GB/T 17626.5 电磁兼容 试验和测量技术 浪涌（冲击）抗扰度试验

GB/T 17626.11 电磁兼容 试验和测量技术 电压暂降、短时中断和电压变化的抗扰度试验

OIML R49-1：2013（E） 测量可饮用冷水和热水的水表 第1部分：计量和技术要求（Water meters intended for the metering of cold potable water and hot water—Part 1：Metrological and technical requirements）

OIML R49-2：2013（E） 测量可饮用冷水和热水的水表 第2部分：试验方法（Water meters intended for the metering of cold potable water and hot water—Part 2：Test methods）

凡是注日期的引用文件，仅注日期的版本适用本规范；凡是不注日期的引用文件，其最新版本（包括所有的修改单）适用于本规范。

解读：引用文件中的JJG 162—2009和GB/T 778—2007是目前水表产品的主要技术文件，分别参照了OIML R49：2006和等同采用了ISO 4064：2005，两个技术文件基本相同，但也有差异。2013年发布的水表国际建议OIML R49的3部分内容与新修订的水表国际标准ISO 4064前3部分完全相同。热水表大纲在水表技术参数选择和试验项目方面采纳了OIML R49：2013的内容要求。

3 术语

除了引用JJF 1001、JJF 1004、JJG 162所规定的术语外，本规范还采用下列术语。

解读：热水表术语中的水表组成、计量特征、工作条件、试验条件、电子装置等均与冷水表规程JJG 162相同。

3.1 流量时间法 flowrate-time method

在检定过程中流经水表的水量通过流量和时间的测量结果来确定，可以通过在规定的时间内进行一次或多次流量的重复测量来实现。但要避免在试验开始和结束时的非恒定流量区进行瞬时流量测量。

解读：这是一种相对于收集法的另一种试验方法。相对于采用水表的累积流量相比较的收集法，流量时间法采用了瞬时流量比较，瞬时流量可利用直接显示或间接测量。被检表一般可读取其指示流量的最小单元（而不是最小分格值单元）的走动信号，标准流量可用标准表或产生标准流量的装置。在试

验时间段流量稳定条件下，被检表与标准表的取值起始时间不要求一致，可实现快速测试。

3.2　水表温度等级　meter temperature class

水表根据所适用的工作水温最低值和最高值所制定的等级，以字母 T 和水温特性值的数字表示。如：T90 代表最低工作温度为 0.1℃、最高为 90℃的热水水表工作范围；T30/130 代表最低工作温度为 30℃、最高为 130℃的热水水表工作范围。

解读：习惯上以水表的最高工作温度并结合参比水温来区分冷水表和热水表，如最高工作温度 30℃和 50℃、参比水温 20℃的产品为冷水表，最高工作温度 70℃及以上、参比水温 50℃的产品为热水表。

3.3　辅助装置　ancillary device

用于执行某一特定功能，直接参与产生、传输或显示测量结果的装置。主要有以下几种：

a）调零装置；

b）价格指示装置；

c）重复指示装置；

d）打印装置；

e）存储装置；

f）税控装置；

g）预调装置；

h）自助装置；

i）流动传感器运动检测器（可从指示装置中清晰看出）；

j）远传读数装置（永久或临时）；

k）温度测量显示装置（电子式）。

解读：以上所罗列的均按 OIML R49 和 GB/T 778 内容，国内主要在带电子装置水表和电子水表产品的设计可实现这些辅助功能。部分热量表产品作为热水表使用时可带有部分辅助功能。

3.4　计量元件可更换式水表　meter with exchangeable metrological unit

包含了经过相同型式批准的连接接口和可更换测量元件的常用流量 $Q_3 \geqslant 16\mathrm{m}^3/\mathrm{h}$ 的水表。

解读：这是 OIML R49：2013 中补充定义的一种新名称水表，这种水表在型式评价试验和检定时采纳的方法可与常规水表有区别。

4　概述

4.1　原理和结构组成

典型的热水表工作原理是采用叶轮式或螺翼式机械传感器，测量水流速，将流速信号转换成转速信号输入计算器，积算出流过的热水体积并在指示装置上显示。热水表的测量传感器一般采用机械原理，也可采用电子或电磁原理测量。采用电子或电磁原理测量时，可能采用转换器对信号进行转换。热水表可以安装辅助装置以检测、显示和传输水温等信号。

热水表应至少包括测量传感器、计算器（可包括调节或修正装置）、指示装置三个部分，各部分可组为一体，也可以安装在不同位置。

热水表可以配备完成特定功能的辅助设备，如远传装置、自助装置等。

采用电子或电磁原理测量的热水表（如电磁水表、超声水表等）的工作原理和结构组成参见相同工作原理的流量计规程。

解读：热水表是以测量介质命名的一种流量计。实现测量结果的方式有多种，分为机械式原理、电子或电磁原理。电磁水表和超声水表等与同原理结构的流量计具有高度的相似性，但只有符合水表（包括冷水表、热水表）计量要求、技术参数要求，并按水表型式评价大纲进行试验并通过的产品才能归类到水表类产品。

4.2　分类

4.2.1　按热水表的工作原理和组成结构，热水表一般可分机械式热水表和带电子装置热水表。

4.2.2　带电子装置热水表是装备了电子装置以实现预定功能的热水表。带电子装置热水表包括配备了电子装置的机械式热水表、基于电磁或电子原理工作的电子式热水表。电子装置包括流量信号转换和处理单元，并可附加贮存记忆装置、预置装置、价格显示装置等。

注：带电子装置水表所用的机械式水表一般称为基表。

4.2.3　热水表按温度等级分类及对应的工作水温范围见表1。

表1　热水表的温度等级

等级	最低允许工作水温 ℃	最高允许工作水温 ℃
T70	0.1	70
T90	0.1	90
T130	0.1	130
T30/70	30	70
T30/90	30	90
T30/130	30	130

解读：与GB/T 778对照相比，表1的水表温度等级缺少了冷水表的T30和T50以及国内尚未生产和使用的热水表的T180和T30/180。

4.2.4　按环境严酷度等级分类

1）气候和机械环境等级

带电子装置热水表根据气候和机械环境条件分成3个等级：

- B级：安装在建筑物内的固定式热水表
- O级：安装在户外的固定式热水表
- M级：移动式热水表

注：GB/T 778—2007和JJG 162—2009中用“C级”和“I级”，分别对应以上的“O级”和“M级”。

2）电磁环境等级

带电子装置热水表按电磁环境条件分成2个等级：

- E1级：住宅、商业和轻工业
- E2级：工业

解读：国内主要按安装地点分为户内表和户外表。

5　法制管理要求

5.1　计量单位

（1）体积：立方米，符号m^3。

（2）流量：立方米每小时或升每小时，符号m^3/h、L/h。

5.2 标志

申请单位应规范设计和使用制造计量器具许可证和型式批准的标志和编号，在样机度盘或铭牌等明显部位应留出相应位置。

解读：按 JJF 1016—2014《计量器具型式评价大纲编写导则》的规定和相关法规的修订趋势，水表应加注型式批准的标志和编号，这更能清晰反映具体产品型式的许可，也是与国际接轨的标识内容。

5.3 外部结构设计要求

凡可能影响热水表计量特性的部位应采用封闭式结构设计并留有加封印的位置。

凡可能影响热水表计量特性参数的接触应有可靠的电子封印或其他可靠的封印措施，避免这些参数被任意修改。

解读：机械式热水表常用表罩与本体的铅封等封印措施。有些生产企业采用的表体与接管的封印可有效防止水表的反向安装，不属于法制管理的要求。

6 计量要求

6.1 计量特性

6.1.1 流量特性

热水表的流量特性由 Q_1、Q_2、Q_3、Q_4 确定。

注：按 JJG 162 定义和符号，Q_1、Q_2、Q_3、Q_4 分别为水表的最小流量、分界流量、常用流量和过载流量。

标称口径小于或等于 50mm、且常用流量 Q_3 不超过 $16m^3/h$ 的热水表应按 Q_3（以 m^3/h 为单位）和 Q_3/Q_1 的比值标志；

标称口径大于 50mm 或常用流量 Q_3 超过 $16m^3/h$ 的热水表应按 Q_3（以 m^3/h 为单位）和 Q_3/Q_1、Q_2/Q_1 的比值标志，其数值应符合本规范 6.1.2 ~ 6.1.5 的要求。

解读：按 GB/T 778—1996 生产的产品，其最小流量、分界流量、常用流量和过载流量分别用 q_{min}、q_t、q_p、q_s 表达，中文名称相同，相互之间的数值关系与 Q_1、Q_2、Q_3、Q_4 不同。

6.1.2 常用流量 Q_3 值从下列值中选用：

1	1.6	2.5	4	6.3
10	16	25	40	63
100	160	250	400	630
1000	1600	2500	4000	6300

以上值的单位为 m^3/h，并可以按系列向更高或更低值方向扩展。

解读：这一系列数是按 GB/T 321《优先数和优先数系》中的 R5 系列数中选择。水表常用流量 Q_3 值与其标称口径没有一一对应关系，即相同口径的水表可能选择不同的常用流量。

6.1.3 量程比 Q_3/Q_1 的比值从以下值中选择：

40	50	63	80	100
125	160	200	250	315
400	500	630	800	1000

以上值可以按系列向更高值方向扩展。

Q_3/Q_1 可以用符号 R 表示，如 R100 表示 $Q_3/Q_1=100$。

解读：这一系列数是按 GB/T 321《优先数和优先数系》中的 R10 系列数中选择。

Q_3/Q_1 和 6.1.4 的 Q_2/Q_1 的比值选择取代了 GB 和 JJG 中有关计量等级 A、B、C、D 的表达，可以更清晰地表达水表的范围度或量程，选择面更多。

为了不影响技术进步，OIML R49：2013 的 Q_3/Q_1 可选择的最小值定为 40（OIML R49：2006 中该值为 10），相当于原计量等级 A 级的水准。

由于 Q_3、Q_3/Q_1 值选择过多，同时也给相同口径的水表产品性能比较带来一些不便，中国计量协会水表工作委员会曾提出行业内部标准 CMA/WM 778—2009，对行业里的委员单位出台了流量参数选用导则。

6.1.4　Q_2/Q_1 的比值一般应为 1.6。

注：对 Q_3 超过 16m^3/h 的热水表，Q_2/Q_1 也可为 2.5、4、6.3。这种情况下，应核对制造商提供的产品标准。

解读：在 GB/T 778 中，Q_2/Q_1 的比值现阶段对所有规格水表均为 1.6。考虑到国内产品现状和实际需求，大纲对非户用水表允许 Q_2/Q_1 选择 2.5、4、6.3，扩大水表的低区范围。

6.1.5　Q_4/Q_3 的比值应为 1.25。

解读：与其他流量计一样，过载流量定为最大流量的 110% ~125%。要提醒的是水表的常用流量 Q_3 是水表额定流量范围的上限值，相当于流量计的最大流量。在 GB/T 778—1996 中，过载流量 q_s 为常用流量 q_p 的 2 倍。

6.2　准确度等级和最大允许误差

热水表的准确度等级应选用 1 级、2 级。

解读：2 级是大部分热水表产品首选的准确度等级。

1 级的规定是 OIML R49：2006 开始对非户用水表推荐选用的，目前 GB/T 778—2007 还没有这一等级的规定。电磁水表、超声水表等带电子装置水表较易达到该准确度等级。

6.2.1　1 级热水表（准确度等级为 1 级）

热水表的最大允许误差在高区（$Q_2 \leq Q \leq Q_4$）为 ±2%，低区（$Q_1 \leq Q < Q_2$）为 ±3%。

6.2.2　2 级热水表（准确度等级为 2 级）

热水表的最大允许误差在高区（$Q_2 \leq Q \leq Q_4$）为 ±3%，低区（$Q_1 \leq Q < Q_2$）为 ±5%。

解读：水表的准确度等级与最大允许误差对应性是以冷水水表的高区为对象的，如 2 级冷水表的高区最大允许误差为 ±2%，1 级表的高区最大允许误差为 ±1%。热水表的最大允许误差比同等级的冷水表低 1%。

对测量介质温度包含了冷水和热水的热水表（如 T30/90），大纲规定用统一的热水最大允许误差，不对冷水使用条件下另行规定（与热量表的规定接近，比 GB/T 778 和 OIML R49：2013 的要求降低）。

6.2.3　组合式热水表和计量元件可更换的热水表的最大允许误差根据其准确度等级不应超过 6.2.1 或 6.2.2 的规定值。

解读：组合式水表是相对整体式水表而言的，其测量传感器、计算器和指示装置可分开安装。

6.2.4　热水表的相对示值误差 E 用百分数表示，并按式（1）计算：

$$E = \frac{V_i - V_a}{V_a} \times 100\% \tag{1}$$

式中：

V_i——指示体积，m^3；

V_a——实际体积，m^3。

6.2.5　反向流

制造商应指明热水表是否可以计量反向流。

如果热水表可以计量反向流，则反向流期间的实际体积应从显示体积中减去反向流体积，或者单独记录。正向流和反向流都应符合最大允许误差的要求。不同流向下的常用流量和流量范围可以不同。

如果热水表不能计量反向流，则应能防止反向流，或者能承受意外反向流而不致造成正向流计量性能发生任何下降或变化。

解读：多数热水表产品只测一个流向的热水体积，表体上的流向箭头表示只测该流向。

6.2.6　在热水表额定工作条件范围内温度和压力变化时，热水表应符合最大允许误差的要求。

解读：这要求热水表在额定工作条件范围内的最高和最低工作水温、最大和最小允许工作水压下进行误差试验时均应符合要求。

6.2.7　热水表应能承受短时超过最高工作温度的水温，恢复后至额定工作条件后应符合最大允许误差的要求。

解读：这是新增的水温过载后对热水表计量性能的要求，有相应的试验项目和方法。

6.2.8　当无流动或无水时，热水表的积算读数应无变化。

解读：对带电子装置水表，在无流动或无水时涉及测量信号的处理。

6.2.9　热水表应在其标明的安装方式下进行示值误差试验。如果热水表没有这些标志，则至少应在水平、垂直和倾斜三种安装方式下进行试验。

注：容积式结构的热水表可只在一种方式下进行试验，通常是水平安装方向。

7　通用技术要求

7.1　材料和结构

7.1.1　热水表的制造材料应有足够的强度和耐用度，以满足热水表的使用要求。

7.1.2　热水表的制造材料应不受工作温度范围内水温变化的不利影响（见7.4）。

7.1.3　热水表内所有接触水的零部件应采用通常认为是无毒、无污染、无生物活性的材料制造。

7.1.4　整体热水表的制造材料应能抗内、外部腐蚀，或进行适当的表面防护处理。

7.1.5　热水表的指示装置应采用透明窗保护，还可配备一个合适的表盖作为辅助保护。

7.1.6　如果热水表指示装置透明窗内侧有可能形成冷凝，热水表应安装消除冷凝的装置。

解读：材料结构要求与冷水表基本相同，并按热水表工作温度范围来选取。热水表所测试的介质未要求是可饮用的热水，所以与水接触的零部件无饮用水卫生方面的试验要求。

许多机械式热水表外本体涂以红色，警示热水介质一定程度的危险性。不过目前尚无标准强制规定热水表本体的颜色。

7.2　调整和修正

7.2.1　热水表可以安装调整装置和（或）修正装置，以调整其实际误差接近零值。

7.2.2　如果这些装置安装在热水表外，应采取封印措施（见7.7）。

解读：对热水表的误差曲线，调整装置起的作用是平移曲线，尽量消除系统误差，使其落在误差限内（调节齿轮比或流量系数等）；修正装置是对部分流量点或流量段的误差进行修正，改善整条误差曲线的线性，使其满足误差限的要求。

7.3　安装条件

7.3.1　热水表的安装应使其在正常条件下完全充满水。

7.3.2　如果热水表的准确度可能受到水中存在固体颗粒的影响，应配备过滤器，安装在其进口或在上游管线。

7.3.3　如果热水表的准确度容易受到上游或下游管段的漩涡的影响（如由于弯头、阀门或泵引起的），应按制造商的规定安装足够长的直管段，安装（或不安装）整直器，以满足热水表的最大允许误差要求。制造商可按表 2 和表 3 选择热水表的流动剖面敏感度等级。

解读：热水表大部分是速度式流量仪表，一般都会有上下游直管段的要求，无论试验、检定或使用，都应考虑这一要求。已有部分热水表产品（包括机械式水表和电磁水表）在内部结构上做了消除漩涡的设计，使其减小甚至不需要直管段的要求。

7.3.4　流动剖面敏感度等级

制造商应依据 GB/T 778.3 规定的相关试验的结果，按照表 2 和表 3 的等级规定流动剖面敏感度等级。

制造商应详细说明需要使用的流动调整段，包括整直器和（或）直管段，并将其作为被检测的这一类热水表的辅助装置。

表 2　对上游流速场不规则变化的敏感度等级（U）

等级	必需的直管段（×DN）	需要整直器
U0	0	否
U3	3	否
U5	5	否
U10	10	否
U15	15	否
U0S	0	是
U3S	3	是
U5S	5	是
U10S	10	是

注：表中 DN 为热水表的标称口径，下同。

表 3　对下游流速场不规则变化的敏感度等级（D）

等级	必需的直管段（×DN）	需要整直器
D0	0	否
D3	3	否
D5	5	否
D0S	0	是
D3S	3	是

解读：流动剖面敏感度等级是通常所说的安装直管段要求。国内大部分产品在上下游流速场不规则

变化的敏感度等级未做详细的试验，其标注的等级通常按最保守的U10和D5，俗称前直管段10倍DN，后直管段5倍DN，而在串联试验时又无视这些要求，这是水表在各种安装条件下的试验结果不统一的重要因素之一。

7.4　额定工作条件

a）流量范围：$Q_1 \sim Q_3$；

解读：额定流量范围不包括过载流量 Q_4。

b）环境温度：5℃～55℃；

解读：装在户外的水表设计要考虑这一要求。安装条件也要满足这一要求。

c）水温：根据表1选择对应热水表温度等级的水温范围；

d）环境相对湿度：0～100%，除了远传指示装置为0～93%外；

e）水压：0.03MPa～最大允许压力MAP，MAP至少为1MPa；

解读：国内包括热水表在内的水暖产品最大允许压力MAP一般为1MPa，欧洲产品多为1.6MPa（或用16bar表示）。

f）工作电源：外部供电的，交流电或外部直流电的工作电压变化范围应为标称电压的-15%～+10%，交流电频率变化范围应为标称频率的±2%；电池供电的，工作电压范围为制造商说明的最低电压 U_{bmin}～全新电池的电压 U_{bmax}。

7.5　标记和铭牌

应清楚、永久地在热水表外壳、指示装置的度盘或铭牌、不可分离的热水表表盖上，集中或分散标明以下信息。

a）计量单位：立方米或 m^3；

b）准确度等级：如果不是2级，应标明；

c）Q_3 值，Q_3/Q_1 的比值，Q_2/Q_1 的比值（当不为1.6时应注明）；

解读：当热水表可以在不同安装方式下工作时，可以标注对应的 Q_3 值，Q_3/Q_1 的比值，Q_2/Q_1 比值。

d）制造计量器具许可证和型式批准的标志和编号（或预留相应的设计位置）；

注：进口计量器具应标明型式批准标志和编号。

e）制造商名称或商标；

f）制造年月和编号（尽可能靠近指示装置）；

g）流向（在热水表壳体二侧标志，或者如果在任何情况下都能很容易看到流动方向指示箭头，也可只标志在一侧）；

h）最大允许压力：如果不为1MPa，应标明；

i）安装方式：如果只能水平或垂直安装，应标明（H代表水平安装，V代表垂直安装）；

j）温度等级；

k）最大压力损失：如果不为0.063MPa，应注明；

注：可按表5标注压力损失等级。

对于带电子装置热水表，附加的标识应标明：

l）外电源：电压和频率；

m）可换电池：最迟的电池更换时间；

n）不可换电池：最迟的热水表更换时间；

o）气候与机械环境等级；

p）电磁环境等级。

注：热水表可用相应符号标注来反映对流动剖面敏感度等级、气候和机械环境等级、电磁兼容等级，以及提供给辅助装置的信号类型等要求。此类信息可在热水表上标注，也可在说明书或相关数据单注明。

解读：许多水表度盘较小，能容纳的信息标注相对有限，所以有些参数内容不标注可默认，有些写入说明书等材料。热水表在准确度等级为 2 级、最大允许压力为 1MPa、最大压力损失为 0.063MPa 的情况下，可以省略相应标注。

OIML R49－1：2013 中要求对除了 U0/D0 的安装敏感度等级也要求标注，GB/T 778—2007 未列入该项要求，本大纲也暂未列入。

7.6　指示装置

7.6.1　一般要求

7.6.1.1　功能

指示装置应提供易读、清晰、可靠的体积示值的直观显示。

指示装置应包括用于试验和校验的可视装置。

指示装置可以包括采用其他方法（如用于自动试验和校验）进行试验和校验的附加元件。

7.6.1.2　测量单位、符号和位置

指示体积用立方米表示，符号 m^3 应出现在表盘上或紧邻显示数字。

解读：有些热水表只用升（符号 L）来表达，这不符合法制计量要求的规定。

7.6.1.3　指示范围

指示范围应符合表 4 规定。

表 4　热水表的指示范围

$Q_3/(m^3/h)$	指示范围（最小值）$/m^3$
$Q_3 \leq 6.3$	9 999
$6.3 < Q_3 \leq 63$	99 999
$63 < Q_3 \leq 630$	999 999
$630 < Q_3 \leq 6300$	9 999 999

解读：指示范围的规定一般可保证水表在常用流量 Q_3 下运行 1 600h 而不回零。

7.6.1.4　颜色标志

黑色用于表示立方米及其倍数，红色用于立方米的分数。

这两种颜色应使用于指针、指示标记、数字、字轮、字盘、度盘，或用于开孔框。

对带电子装置热水表，只要保证在区别主示值与其他显示（如检定和试验用的小数）时没有疑义，可以采用其他形式表示立方米及其倍数和分数。

解读：一般认为，水表的黑色数字字轮（或指针）用于水表抄读结算用（俗称的 1 度水即为 $1m^3$ 水），红字字轮（或指针）用于水表的检定和试验时的抄读。

7.6.2 指示装置的类型

水表的指示装置应采用以下所述的任何一种型式。

7.6.2.1 1型–模拟式装置

水体积由下述部件的连续运动给出：

a）相对于分度标尺移动的一个或多个指针；

b）一个或多个圆形标尺或鼓轮，各自通过一个指示标志。

每一个标尺分度以立方米的示值应为 10^n 的形式，其中 n 为正整数、负整数或零，由此建立一个连续十进制。

每种标尺应按立方米值分度，或者是附带有一个乘数（×0.001；×0.01；×0.1；×1；×10；×100；×1000等）。

指针、圆形标尺的旋转运动应为顺时针方向。指针或标尺的直线运动应是从左到右的。数字鼓轮指示器的运动应向上。

7.6.2.2 2型–数字式装置

指示体积由一排相邻的、显示在一个或多个开孔中的数字给出。上一位数字的进位应在相邻低位数值的变化从9至0时完成。数字鼓轮指示器的运动应向上。

最低值十个数可以连续运动，开孔足够大，以便明确读取数字。

数字的可见高度至少应为4mm。

7.6.2.3 3型–模拟式与数字式的组合装置

水的体积由1型和2型装置组合的形式给出，并且应分别符合各自的要求。

数字指示器的最低值十个数可以连续运动。

解读：国内目前水表产品的指示装置以3型最多，即指针与字轮结合式。

7.6.3 检定显示装置

7.6.3.1 总体要求

每一种指示装置都应有满足检定和校验的装置。

直观检定显示可以是连续的或断续的运动。

除了用直观检定显示以外，指示装置可包含快速试验的辅助元件（如星轮或圆盘等），通过附加装置读取信号。这类附加装置一般是临时安装的，不属于水表的一部分。

解读：快速检定时用色差传感器、摄像比对传感器等来进行被检水表读数的均属此类附加装置。

7.6.3.2 检定分格值

以立方米表示的检定分格值应表达成 1×10^n、2×10^n 或 5×10^n 的形式，其中 n 为正整数、负整数或零。

对于首位元件连续运动的模拟式或数字式指示装置，可以在首位元件两个相邻数字之间以2、5或10等分作为检定分格值。这些值不应标以数字。

对于首位元件断续运动的数字式指示装置，检定分格值是首位元件两个相邻数字之间的间隔或是增值。

7.6.3.3 检定标尺形式

对于首位元件连续运动的指示装置，其检定标尺分格的间距应不小于1mm和不大于5mm。标尺应由下列组成：

a）一组宽度不超过标尺间距的四分之一、仅长度不同的等宽线；

b）或者是恒定宽度的对比带，宽度为标尺间距。

指针指示端的宽度应不超过检定标尺间距的四分之一，且在任何情况下应不大于0.5mm。

7.6.3.4 分辨力

检定标尺的分格值应足够小，以保证水表的分辨力：对于1级热水表，不超过最小流量Q_1下流过1.5h的实际体积值的0.25%；对于2级热水表，不超过实际体积值的0.5%。

注：当首位元件连续显示时，每次读数最大误差不超过最小标尺分格间距的一半。当首位元件断续显示，每次读数最大误差为一个数字。

附加装置用于检定时，其读数的最大误差不大于试验体积的0.25%（对1级表）或0.5%（对2级表），并且不影响指示装置工作正常。

解读：常见的户用2级水表检定分格值一般为标尺分格0.1L的一半，即0.05L。

电子显示水表不能只看其分辨位数（有些可以显示出1L后的许多小数位，而应以最小跳动值为其分辨力。分辨力是按JJF 1001的定义，与通常所说的分辨率意义相同。

7.7 防护装置

7.7.1 机械封印

热水表应配置可以封印的防护装置，以保证在正确安装热水表前和安装后，在不损坏防护装置的情况下无法拆卸或者改动热水表和（或）调整装置或修正装置。

对计量单元可更换热水表，这一要求适用外部防护装置和内部调节板防护装置。

7.7.2 电子封印

7.7.2.1 当机械封印装置不能阻止对确定测量结果有影响的参数被接触时，保护措施应符合以下规定：

a）参数接触只允许被授权的人进行，如采用密码（关键词）或特殊设备（如钥匙）的方法。密码应可更改。

b）至少最后一次存取干预行为应被记录。记录中应包含日期和能够识别实施干预的授权人员的特征要素［见上一条a）规定］。如果最后一次干预的记录未被下一次干预所覆盖，至少应保证两年的追溯期。如果能记忆二次以上的干预，但必须删除先前的记录才能记录新的干预，应删除最老的记录。

解读：电子封印是基本原则是授权制和可识别，这对一些有软件管理的电子或电磁水表是非常重要的。

7.7.2.2 热水表有可以被用户分开的可互换部件时，应满足以下规定：

a）除非符合7.7.2.1的规定，否则不能通过断开点访问参与确定测量结果的参数；

b）应采用电子和数据处理保密装置，或在电子方法不可能时采用机械装置，以防止插入任何可能影响测量结果的部件。

7.7.2.3 对于装有可被用户分开但不可互换的部件的热水表，应符合7.7.2.2的规定。另外，这类热水表应配备一种装置，使得当各种部件不按制造商的配置联接时热水表不能工作。

注：用户擅自分离部件是不允许的，应防止这种行为，如利用一个装置，在部件被分开和重新连接后阻止所有测量。

7.8 压力损失

在额定流量范围Q_1和Q_3之间，通过热水表（包括其组成部分的过滤器、整直器等）的压力损失应不大于0.063MPa。

制造商可从表5中选取压力损失等级，并在铭牌或度盘上标明。这种情况下，热水表的压力损失应不超过对应的规定值。

同轴热水表应与对应的集合管一同进行压力损失试验。

表 5 压力损失等级

等级	最大压力损失/MPa
Δp 63	0.063
Δp 40	0.040
Δp 25	0.025
Δp 16	0.016
Δp 10	0.010

解读：水表的压力损失应理解以下几点：1. 根据压力损失与流量的平方成正比的规则，现在规定的常用流量 Q_3 下的压力损失限值（如 0.063MPa）与以前规定的过载流量 Q_4 或最大流量 Q_{max} 下（$Q_4 = 1.25Q_3$）的压力损失限值（如 0.1MPa）是一样的。2. 对大部分水表来说，额定工作范围内的最大压力损失出现在 Q_3 流量点下，因此只要在这个点测量所得的压力损失即为水表的最大压力损失，但对复式水表等少数结构的品种，其最大压力损失可能出现在其他流量点（转换阀开关之际）。3. 水表本体内如带有过滤器、控制阀等部件时，应一起进行压力损失测量。

7.9 耐压强度

热水表应能在参比条件下承受下列压力试验而无渗漏或损坏：

a）承受 1.6 倍最大允许压力的试验压力，持续时间 15min；

b）承受 2 倍最大允许压力的试验压力，持续时间 1min。

解读：水表的耐压强度指整体耐压性能，对有些带可能受压的控制阀等部件的水表则要求在开启状态下进行试验，控制阀等部件的密封性要求另行规定。

7.10 耐久性

7.10.1 热水表应根据水温等级、常用流量 Q_3 和过载流量 Q_4，按表 6 要求进行模拟使用条件的耐久性试验。

表 6 热水表耐久性试验要求

常用流量 Q_3	试验型式	水温 ±5℃	试验流量	中断次数	停止工作时间	试验流量下的工作时间	启动和止动的持续时间
$Q_3 \leqslant 16m^3/h$	断续	50	Q_3	100 000	15s	15s	0.15(Q_3)s，最小值 1s
	连续	0.9 × MAT	Q_4	—	—	100h	—
$Q_3 > 16m^3/h$	连续	0.9 × MAT	Q_4	—	—	200h	—

注：表中（Q_3）是一个以 m^3/h 为单位的数值等于 Q_3 的值，起动或停止持续时间最短不应少于 1s。

解读：相对于 GB/T 778 和 OIML R49：2013，本大纲对 $Q_3 > 16m^3/h$ 的水表的连续流量试验根据目前国内行业状况和试验可操作性方面考虑做了简化，按照标准，完整的试验还应包括在试验流量 Q_3 下运行 800h。

耐久性试验是一项试验时间长、试验费用相对较高的项目。目前对这一国际建议和国际标准规定的耐久性试验方法适用所有水表仍存有争议，主要有：1. 对电磁水表等无可动部件传感器的水表是否可用其他方法考察其耐久性能；2. 耐久性对有电子部件的水表针对性不强。

7.10.2 在进行了表 4 所列的每一项试验后，应复测热水表的示值误差，计算误差曲线的变化，并按 7.10.2.1 和 7.10.2.2 的要求判断是否合格。

注：误差曲线的变化量也称误差偏移量，指相同流量点的试验前后热水表的两次示值误差之差的绝对值。

7.10.2.1 1级热水表：

a）误差曲线的变化在低区（$Q_1 \leqslant Q < Q_2$）应不超过2%，在高区（$Q_2 \leqslant Q \leqslant Q_4$）应不超过1%。

b）误差曲线的最大允许误差在低区（$Q_1 \leqslant Q < Q_2$）为±4%，在高区（$Q_2 \leqslant Q \leqslant Q_4$）为±2.5%。

这两项要求采用平均示值误差。

7.10.2.2 2级热水表：

a）误差曲线的变化在低区（$Q_1 \leqslant Q < Q_2$）应不超过3%，在高区（$Q_2 \leqslant Q \leqslant Q_4$）应不超过1.5%。

b）误差曲线的最大允许误差在低区（$Q_1 \leqslant Q < Q_2$）为±6%，在高区（$Q_2 \leqslant Q \leqslant Q_4$）为±3.5%。

这两项要求采用平均示值误差。

解读：误差曲线的变化主要用水表在相同流量点在耐久性试验前后的差值（又称偏移量）来计算表达。

7.11 带电子装置热水表的功能

7.11.1 总体要求

电子指示装置应提供可靠、清晰、明确的被测水体积读数。

电子指示装置应能随时按要求显示体积，但不要求永久显示，即使是在计量测试期间。每次体积显示时间至少应达到10s。

如果电子指示装置能够显示附加信息，则显示的信息应无歧义。

电子指示装置应具有一种特性，以便能通过例如连续显示各种字符等方式检查显示是否正常。整个过程的每一步应至少持续1s。

以立方米表示的读数，其小数部分不必在同一个指示装置上显示。在这种情况下，读数应清楚、明确（指示器上应指示流动的另外显示）。

可采用以下方式读取数值：

- 电子指示装置上使用两个分列的显示装置；
- 在同一个显示装置上分成连续的两个步骤读取数值，或设计有检测数据通讯协议；
- 使用一个可拆卸指示装置使小数部分能被读取。在这种情况下，固定装置应显示热水表正在以适当的分辨力计数。制造商应在热水表上提供此固定指示装置的近似分辨力的信息。

解读：带电子装置水表的供电方式多用电池，省电模式的设计是必须的。

检测数据通讯协议是提高水表检测效率的一种有效手段。目前国内正在热量表（几乎都是带有光电输出的显示装置）和相应的校验装置中推广。

7.11.2 基本功能

带电子装置热水表所具备的功能应符合产品标准或使用说明书的相关要求，这类功能通常有显示功能、查询功能、提示功能、控制功能、保护功能等。

有水价计算显示的热水表还应有价格设置、分段（或分时）水价计算显示功能，单价的数字位数、用水段的划分应能满足用水管理的需要。

如有按键开关、接触式或非接触式控制器（如IC卡、磁棒等），操作应灵活可靠。

配备电子装置的机械测量原理的热水表（包括电子远传热水表和IC卡热水表等），其信号转换应准确可靠。

7.11.3 辅助装置

热水表辅助装置功能应符合产品标准或使用说明书的要求。

辅助装置的永久性安装不应影响热水表的计量性能和主示值的读数。

解读：要注意水表主示值（受法制计量管理的示值）的情况。各种功能都是围绕这个数字设计和运行的。

7.11.4 电源

7.11.4.1 总则

带电子装置热水表的三种不同类型的基本电源：

- 外部电源；
- 不可更换电池；
- 可更换电池。

这三种电源可以独立使用，也可以组合使用。7.11.4.2～7.11.4.4 描述了每一种电源的要求。

7.11.4.2 外部电源

带电子装置热水表的设计应保证，一旦外部（交流或直流）电源发生故障，故障前的热水表体积示值不会丢失，至少在一年之内仍能读取。

相应的数据记存至少应每天进行一次，或者每流过相当于 Q_3 流量下 10min 的体积记存一次。

电源中断应不影响热水表的其他性能或参数。

注：符合此项规定并不一定保证热水表能继续记录在电源中断期间消费的热水体积。

应能有效防止电源被擅自改动。

7.11.4.3 不可更换电池

制造商应确保电池的额定寿命能保证热水表功能正常的时间至少比热水表的工作寿命长一年。

7.11.4.4 可更换电池

当电源为可更换电池时，制造商应对电池的更换做出明确规定。

热水表上应标明更换电池的日期。

更换电池时，电源中断应不影响热水表的性能或参数。

注：可以预料，在确定电池和进行型式批准时会考虑最大允许体积、显示体积、远传读数和极端温度等综合因素。如果必要，还会考虑水电导率。

更换电池的操作应不必损坏法定计量封印。如果更换电池必须损坏法定计量封印，应规定由国家法定计量机构或其他授权机构来更换封铅。

可利用电池盒来保护电池，以免擅自改动。

解读：本大纲未规定电池的额定寿命的试验方法。制造商应按相关标准对电池性能进行测试并证明其寿命能保证热水表的工作，也可由委托第三方检测机构对所用供应商的电池产品进行检测并出具结果报告。

7.12 静磁场影响

机械部件易受静磁场影响的机械式热水表和所有带电子元件的热水表应进行施加规定磁场的试验。

试验时的静磁场由环形磁铁产生。环形磁铁外径 70mm ± 2mm、内径 32mm ± 2mm、厚度 15mm，距表面 1mm 以内的磁场强度 90kA/m～100kA/m，距表面 20mm 处的磁场强度 20kA/m。

试验应在常用流量 Q_3 下进行，试验结果应表明有以上静磁场情况下热水表的示值误差不超过高区最大允许误差。

解读：不受静磁场影响的纯机械式水表无需进行该项试验。环形磁铁的性能参数应经测试符合要求。

7.13 环境适应性

7.13.1 总体要求

带电子装置热水表在表7规定的气候、机械、电源和电磁环境条件下应能正常工作。表7所列影响量根据其性质分为影响因子和扰动，对受试设备（EUT，即热水表或其部件）相应试验是对热水表基本项目试验的补充。在评定一个影响量的影响时，其他影响量应相对稳定在参比条件范围内。

a）在影响因子作用下的性能：

当受到影响因子作用时，受试设备（EUT）应能正常工作，示值误差应不超过适用的最大允许误差。

b）在扰动影响下的性能：

当受到扰动时，受试设备（EUT）应能正常工作，不发生明显偏差。

注："明显误差"的定义见JJG 162 3.2.10，即幅度超过高区最大允许误差的一半的偏差。

表7 与热水表的电子部件或装置有关的试验

序号	试验项目		影响量性质	适用规定
1	气候环境	干热	影响因子	最大允许误差 MPE
2		低温	影响因子	最大允许误差 MPE
3		交变湿热	扰动	明显偏差
4	电源环境	电源变化	影响因子	最大允许误差 MPE
5	机械环境	振动（随机）	扰动	明显偏差
6		机械冲击	扰动	明显偏差
7	电磁环境	短时功率降低	扰动	明显偏差
8		脉冲群	扰动	明显偏差
9		浪涌抗扰度	扰动	明显偏差
10		静电放电	扰动	明显偏差
11		电磁敏感性	扰动	明显偏差

解读：影响因子是指量值在的水表额定工作条件之内的影响量，如环境温度；扰动是指量值超出了水表额定工作条件范围但在本大纲规定的极限范围内的影响量，如电磁环境。如果额定工作条件没有对某个影响量做出规定，则该影响量为一种扰动。两种影响量试验结果的判定是不一样的。

7.13.2 气候环境

7.13.2.1 干热

受试设备（EUT）在表8规定条件下，功能应正常，计量性能应符合6.2要求。

表8 影响因子——干热（无冷凝）

环境等级	B；O；M
室温	55℃ ±2℃
持续时间	2h
试验循环数	1

7.13.2.2 低温

受试设备（EUT）在表9规定条件下，功能应正常，计量性能应符合6.2要求。

表 9　影响因子——低温

环境等级	B	O；M
室温	+5℃ ±3℃	-25℃ ±3℃
持续时间	2h	
试验循环数	1	

7.13.2.3　交变湿热（凝结）

受试设备（EUT）在表 10 规定下，功能应正常，计量性能不出现明显偏差。

表 10　扰动——湿热，循环（冷凝）

环境等级	B	O；M
气温上限	40℃ ±2℃	55℃ ±2℃
气温下限	25℃ ±3℃	25℃ ±3℃
相对湿度	>95%	
相对湿度	93% ±3%	
持续时间	24h	
试验循环数	2	

7.13.3　电源环境

7.13.3.1　电源变化

对供电电源在表 11 规定的变化情况下，受试设备（EUT）功能应正常，计量性能应符合 6.2 要求。

表 11　影响因子——交流主电源电压的静态偏差

环境等级	E1；E2
主电源电压	上限值：单一电压时 U_{nom}（1+10%），或电压范围时 U_U（1+10%） 下限值：单一电压时 U_{nom}（1-15%），或电压范围时 U_L（1-15%）
电池电压	全新电池的电压 U_{max}；制造商指明的参比条件下的电压 U_{min}，低于此电压时电子指示装置停止工作

7.13.3.2　电池断电

对可更换电池供电的热水表，受试设备（EUT）在更换电池后，功能应正常，计量性能应符合 6.2 要求。

7.13.4　机械环境

机械环境只针对移动式热水表（环境等级 M 级）。

7.13.4.1　振动（随机）

受试设备在表 12 规定的扰动下，功能应正常，计量性能不出现明显偏差。

表 12　扰动：振动（随机）

环境等级	I
频率范围	10Hz ~ 150Hz
总均方根加速度（RMS）等级	$7ms^{-2}$
加速度谱密度（ASD）等级（10 ~ 20）Hz	$1m^2s^{-3}$
加速度谱密度（ASD）等级（20 ~ 150）Hz	-3dB/oct
试验轴向数量	3
每个轴向的持续时间	2min

7.13.4.2 机械冲击

受试设备在表13规定的扰动下，功能应正常，计量性能不出现明显偏差。

表13 扰动：机械冲击

环境等级	I
跌落高度/mm	50
跌落次数（每个底边）	1

7.13.5 电磁环境

7.13.5.1 短时电源中断

受试设备（EUT）在施加表14规定的主电源电压短时中断和下降的扰动时，功能应正常，计量性能不出现明显偏差。

表14 扰动：主电源电压短时中断和下降

环境等级	E1；E2
试验严酷度	电压100%中断：100ms 电压下降50%：200ms
中断	电压100%中断：相当于半个周期的时间
下降	电压下降50%：相当于一个周期的时间
试验循环数	至少10次中断和10次下降，间隔时间最少10s。 在测量受试设备（EUT）示值误差所需的时间段内应反复中断，中断次数可能需要10次以上

7.13.5.2 脉冲群

受试设备（EUT）在施加表15规定的主电源电压短时中断和下降的扰动时，功能应正常，计量性能不出现明显偏差。

表15 扰动：脉冲群

环境等级	E1	E2
不参与过程控制的信号线和数据总线的端口	±500V[1]	±1 000V
直接参与过程和过程测量、信号传输和控制的端口	±500V[1]	±2 000V
I/ODC电源端口	±500V[2]	±2 000V
I/OAC电源端口	±1 000V	±2 000V
功能接地端口	±500V[1]	±1 000V
注： 1 仅适用于连接根据制造商的功能规范总长度超过10m的电缆的端口。 2 不适用于连接电池或再充电时必须从装置上拆下的可充电电池的输入端口。		

7.13.5.3 浪涌抗扰度

受试设备（EUT）在施加表16规定的主电源电压短时中断和下降的扰动时，功能应正常，计量性能不出现明显偏差。

表16 扰动：浪涌瞬变

环境等级	E1	E2
不参与过程控制的信号线和数据总线的端口	——	1.2Tr/50 Th μs[1] 线对地 ±2kV 线对线 ±1kV

续表

环境等级	E1	E2
直接参与过程和过程测量、信号传输和控制的端口	——	1.2 Tr/50 Th μs 线对地 ±2kV 线对线 ±1kV
直流输入端口	1.2 Tr/50 Th μs[2] 线对地 ±0.5kV 线对线 ±0.5kV	1.2 Tr/50 Th μs[2] 线对地 ±0.5kV 线对线 ±0.5kV
交流输入端口	1.2 Tr/50 Th μs 线对地 ±2kV 线对线 ±1kV	1.2 Tr/50 Th μs 线对地 ±4kV 线对线 ±2kV

注：Tr 为波前时间，Th 为半峰值时间。

1 仅适用于根据制造商的功能规范连接电缆的总长度超过 3m 的端口。

2 不适用于连接电池或再充电时必须从装置上拆下的可充电电池的输入端口。

具有直流电源输入端口与 AC－DC 电源转换器配合使用的装置应按制造商的规定对 AC－DC 电源转换器的交流电源输入进行试验，若制造商未作规定，应使用一个典型 AC－DC 电源转换器进行试验。此试验适用于准备永久连接长度超过 10m 的电缆的直流电源输入端口。

7.13.5.4 静电放电抗扰度

受试设备（EUT）在施加表 17 规定的主电源电压短时中断和下降的扰动时，功能应正常，计量性能不出现明显偏差。

表 17 扰动：静电放电

环境等级	E1；E2
试验电压（接触方式）	6kV
试验电压（空气方式）	8kV
试验周期数	在同一次测量或模拟测量期间，每一试验点至少施加 10 次直接放电，放电间隔时间至少 1s。 对于间接放电，在水平耦合平面上总计应施加 10 次放电。在垂直耦合平面上，每一位置总计施加 10 次放电

7.13.5.5 电磁敏感性

受试设备（EUT）在施加表 18 规定的主电源电压短时中断和下降的扰动时，功能应正常，计量性能不出现明显偏差。

表 18 扰动：电磁辐射

环境等级	E1	E2
频率范围	26MHz～1 000MHz	
场强	3V/m	10V/m
调制	80% AM，1kHz，正弦波	

8 型式评价项目表

8.1 所有热水表应进行的型式评价项目

所有热水表应进行表 19 所列试验项目。

序号 2～10 试验可按任意顺序进行。静磁场试验 11 应在耐久性试验之前进行。

表 19 适用所有热水表型式评价试验项目一览表

序号	试 验 项 目		技术要求	评价方式	评价方法	试验样机数
1	计量法制要求		5	观察	10.2	≥1
2	静压力试验		7.9	试验	10.3	全部
3	固有误差试验		6.2.1 或 6.2.2	试验	10.4	全部
4	无流动试验[1]		6.2.9	试验	10.5	≥1
5	水温影响试验[2]		6.2.7	试验	10.6	≥1
6	水温过载试验[2]		6.2.8	试验	10.7	≥1
7	水压影响试验[2]		6.2.7	试验	10.8	≥1
8	反向流试验		6.2.5	试验	10.9	≥1
9	压力损失试验		7.8	试验	10.10	≥1
10	流动干扰试验[2,3]		7.3.3	试验	10.11	≥1
11	静磁场试验[4]		7.12	试验	10.12	≥1
12	耐久性试验	断续流量试验	7.11	试验	10.13.1	对每一种适用的安装方式，≥1
		连续流量试验	7.11	试验	10.13.2	对每一种适用的安装方式，≥1

注：1 适用于电子热水表或带电子装置的机械式热水表；
2 适用于标称口径小于或等于 50mm、且常用流量 Q_3 不超过 $16m^3/h$ 的热水表；
3 适用于除容积式热水表外的热水表；
4 适用于有电子元件和磁耦合或其他易受外磁场影响的机械部件的热水表。

解读：与冷水表相比，热水表的型式评价大纲明确了对每一试验项目的样机数量。除了静压力试验和固有误差试验外，所有其他项目可选择 1 台/件。

8.2 带电子装置热水表的性能试验项目

除进行表 19 所列试验项目外，带电子装置水表或其部件应进行表 20 所列的性能试验试验。

表 20 带电子装置热水表或其部件的试验项目

序号	试验项目		技术要求	评价方式	评价方法	试验样机数
13	功能试验		7.11.2	试验	10.14	≥1
14	气候环境试验	干热	7.13.2.1	试验	10.15	≥1
15		低温	7.13.2.2	试验	10.16	≥1
16		交变湿热	7.13.2.3	试验	10.17	≥1
17	电源变化试验	电源变化	7.13.3.1	试验	10.18	≥1
18		电池断电[2]	7.13.3.2	试验	10.19	≥1
19	机械环境试验	振动（随机）	7.13.4.1	试验	10.20	≥1
20		机械冲击	7.13.4.2	试验	10.21	≥1

续表

序号	试验项目		技术要求	评价方式	评价方法	试验样机数
21	电磁环境试验	短时电源中断[3]	7.13.5.1	试验	10.22	≥1
22		脉冲群	7.13.5.2	试验	10.23	≥1
23		浪涌抗扰度	7.13.5.3	试验	10.24	≥1
24		静电放电	7.13.5.4	试验	10.25	≥1
25		电磁敏感性	7.13.5.5	试验	10.26	≥1

注：1 试验可按任意顺序进行。如果表20所列项目中试验时需对样机进行拆卸或有其他形式的损坏，则这类试验程序应放在最后或另选样机进行；

2 仅适用于电池供电的热水表；

3 仅适用于直接交流供电的热水表。

9 提供样机的数量及样机的使用方式

9.1 提供试验样机的数量

9.1.1 单一规格的热水表

9.1.1.1 所有型式的热水表

型式评价时，每种规格的最少样机数量按表21确定。

表21 热水表样机数量

常用流量 Q_3/(m^3/h)	样机数量（最少）
$Q_3 \leq 160$	3
$160 < Q_3 \leq 1\ 600$	2
$1\ 600 < Q_3$	1

注：负责型式评价的技术机构可要求提供更多的热水表进行试验。

9.1.1.2 计量单元可更换式热水表

计量单元可更换式热水表，应另提供5个相同的热水表表壳和2个计量单元部件进行型式批准。

9.1.1.3 带电子装置热水表

带电子装置热水表，如果配置了不带核查装置的电子装置，则除了表21规定的样机外，需提交5个相同的整体热水表或其可分离部件进行型式批准。

带电子装置热水表型式批准时的性能试验，可能需要提交更多的资料和样机或样机部件。

解读：核查装置是指安装在有电子装置的水表中，以便能检测和修正明显偏差的装置。因国内尚未设计带核查装置的热水表，本大纲未涉及该方面内容。

9.1.2 热水表系列产品

9.1.2.1 定义

系列热水表产品是一组不同规格和（或）不同流量的热水表，所有热水表具有下列特征：

a）制造商相同；

b）接触水部件几何相似；

c）测量原理相同；

d）准确度等级相同，Q_3/Q_1 和 Q_2/Q_1 比值不同；或者，Q_3/Q_1 和 Q_2/Q_1 比值相同，而准确度等级不同；

注：这种情况下，参照9.1.2.2b）的要求，选择具有极限工作参数的试验样机。

e）水温等级相同；

f）每种热水表规格的电子装置相同；

g）设计和部件组装标准相似；

h）对热水表性能至关重要的部件的材料相同；

i）与热水表规格有关的安装要求相同，例如热水表的10DN（管径）的上游直管段和下游的5DN的直管段。

9.1.2.2　样机规格选择

在系列产品中选择应有三分之一代表性的规格进行试验，遵守下列原则：

a）系列产品中的最小热水表一律应进行试验；

b）系列产品中具有极限工作参数的热水表应考虑进行试验；

c）耐久性试验应对预计磨损最严重的热水表进行试验；对测量传感器中无运动部件的水表，应选择最小规格的热水表进行试验；具有多个安装方式（如正向、反向，水平、垂直、倾斜）的热水表每种方式都应至少有1块表进行试验。

d）与影响因子和干扰相关的所有性能试验应对系列水表中的一种规格进行。

解读：热水表大纲中系列产品的规定与冷水表规程JJG 162—2009附录D“系列水表的型式评价”不一致，主要参考了JJF 1016—2014《计量器型式评价大纲编写导则》对系列产品的定义“准确度相同、量程不同……”，所以把“准确度等级相同，Q_3/Q_1 和 Q_2/Q_1 比值不同；或者，Q_3/Q_1 和 Q_2/Q_1 比值相同，而准确度等级不同”作为系列产品的，同时考虑到国内热水表规格少、生产量少，结合流量计系列产品的通常选择，故选三分之一。本大纲热水表系列产品的这一条定义与冷水表不同，规格数量选择也减少。

9.2　样机的使用

各检查项目或试验项目所使用的样机数量参照表19和表20的规定。

当电子装置成为热水表的不可分离的一部分时，应采用整体热水表进行试验。

如果热水表的电子装置与测量传感器分开安装，则可单独试验。

辅助装置可以单独试验。

9.3　有关样机的文件

除申请单位按JJF 1015规定提交的申请材料外，负责型式评价的技术机构可要求申请单位提供更多的有关样机的文件，包括：

1）样机技术特征和工作原理的描述；

2）影响计量性能、安全性和稳定性等主要性能的关键部件清单及组成说明；

3）显示封印和检定标志位置的图；

4）规范性标志的图案。

对带电子装置热水表，应包括：

1）各类电子装置的功能描述；

2）说明电子装置的逻辑流程图；

3）对有修正装置的热水表，修正参数如何确定的说明；

4）与热水表的预定用途相符的环境条件的严酷等级。

10　试验项目的试验方法和条件以及数据处理和合格判据

本章内容中，10.2～10.13为表19所列项目（适用于所有热水表）的试验方法，10.14～10.24为表20所列项目（适用于带电子装置热水表）的试验方法。

10.1　试验通用条件

10.1.1　试验环境和场所

试验环境和场所应符合热水表的额定工作条件（见7.4）。

试验场所应排除其他外界干扰影响（如振动、外磁场等）。

10.1.2 参比条件

对热水表进行型式评价试验时，除了要进行试验的影响参数外，所有影响参数都应控制在以下值：

流量：	$0.7\times(Q_2+Q_3)\pm0.03\times(Q_2+Q_3)$
工作温度：	T70～T130 为(20±5)℃和(50±5)℃
	T30/70～T30/130 为(50±5)℃
环境温度：	(20±5)℃
工作压力：	符合额定工作条件
环境相对湿度：	60%±15%
环境大气压力：	86kPa～106kPa
电源电压(交流主电源)：	标称电压 $U_{nom}(1\pm5\%)$
电源频率：	标称频率 $f_{nom}(1\pm2\%)$
电源电压(电池)：	$U_{bmin}\leqslant U\leqslant U_{bmax}$

每次试验期间，参比条件范围内温度和相对湿度的变化应分别不大于5°C 和10%。

注：当环境温度和（或）环境相对湿度超出上述范围时，应考虑其对示值误差的影响。

解读：参比条件是为了测试水表的性能或对多次测量结果进行相互比较而规定的一组影响量的参比值或参比范围。参比条件用于型式评价和比对试验。

10.1.3 环境试验的试验体积和水温影响

进行性能试验时应考虑下列规定：

a）试验体积

某些影响量对测量结果的影响是不变的，与被测体积没有比例关系。明显偏差的数值与被测体积有关。为了能将各实验室取得的结果进行比对，热水表示值误差试验时的试验体积应相当于过载流量 Q_4 条件下排放1min的体积。某些试验可能需要多于1min的体积，在这种情况下，考虑到测量的不确定度，试验的时间应尽可能短。

b）水温影响

温度试验所关注的是环境温度而不是水温。因此可以采用一种模拟试验方法，使水温不影响试验结果。

解读：测量传感器所发生的信号如果可以用标准信号发生器产生，则可用模拟试验方法。有一些水表产品的信号难以用仪器模拟，只能用实物。

10.2 法制计量检查

目测检查热水表样机，其计量单位、法制计量标志和外部结构设计应符合本规范5.1～5.3的要求。

10.3 静压力试验

10.3.1 试验目的

检验热水表能否在规定的时间内承受规定的静压力而无渗漏和损坏。

10.3.2 试验条件

在参比条件下进行试验。

10.3.3 试验设备

试验设备为耐压试验台，主要由夹紧装置、增压机构、压力表（或压力传感器）、控制阀等组成。试验装置本身应无泄漏。

耐压试验台管路系统试压范围和配备压力表的量程应不小于被试热水表最大允许工作压力的

2 倍。压力表（或压力传感器）准确度等级应不低于 2.5 级。

10.3.4 试验程序

a）把热水表以单台或成组形式安装在试验装置上，通水把试验系统和热水表内的空气排除干净。

b）增加水压至 1.6 倍热水表最大允许压力，保持 15min。

c）检查热水表有无损坏、外漏和内漏现象。

d）增加水压至 2 倍最大允许压力，保持 1min。

e）检查热水表有无损坏、外部泄漏和漏进指示装置内现象。

注：同轴热水表试验时热水表与连接头应同时试验，试验时应确保进管与出管之间无内渗漏。

其他要求：

i）每次试验过程中，逐渐增大和降低压力，避免产生压力波动，保证试验无压力脉动。

ii）本试验只在参比温度下进行。

iii）试验期间流量应为零。

10.3.5 合格判据

在规定的静压力试验中，被试热水表没有外表渗漏、渗漏至指示装置或损坏的现象。

解读：水温变化可使密封试验系统中的压力发生变化，因此应保证试验设备的环境温度处于可控状态。除了被试水表瞬间损坏或泄漏情况可以清晰判断外，对密封系统试验压力缓慢下降的情况应注意观察试验水温的变化，检查被试水表有无渗漏，确定真实试验结果。

10.4 固有误差试验

10.4.1 试验目的

确定热水表的固有误差和热水表安装方向对误差的影响。

解读：固有误差是指在参比条件下确定的水表误差。

10.4.2 试验条件

除所试参数外均应符合参比条件。

10.4.3 试验设备

10.4.3.1 热水表的示值误差试验主要采用收集法，即流经热水表的水量收集在一个或多个收集容器内，并采用称重法等方法确定水的容积量，其扩展不确定度（包含因子 $k=2$）应不大于热水表最大允许误差的五分之一。

解读：称重法热水流量标准装置是进行固有误差试验的主要装置，其扩展不确定度为标准体积值的不确定度。典型的称重法热水流量标准装置见图 3－4－1。

图 3－4－1 称重法热水流量标准装置实物图

10.4.3.2 试验设备的水温控制要求

a）温度能覆盖热水表的最高工作温度。

b）对最小工作温度为30℃的热水表，试验设备的水温可控制到50℃ ±5℃。对最小工作温度为0.1℃的热水表，试验装置的水温除能调控到50℃ ±5℃，还应能调控到20℃ ±5℃。

解读：对T70、T90、T130等级的热水表，其参比温度包括了冷水的20℃和热水的50℃。试验装置应能调控试验水温。实际上对温度等级为T50的冷水表，其试验水温也要求能达到50℃，试验设备可以通用。

10.4.3.3 试验装置的流量范围、通径范围、试验段安装条件应能满足被试热水表的要求。试验装置应有必要的安全装置，以防热水介质意外泄漏伤及操作人员。试验段除热水表外，还包括：

a）一个或数个测量压力用的取压口，其中一个取压口位于（第1台）热水表的上游紧邻热水表处；

b）测量热水表入口处水温的装置，串联台至少有测量第1台的入口处以及最末端水表的出口处水温的装置。

10.4.3.4 热水表可单台试验，也可成组试验。成组试验时，各热水表出口压力应不低于0.03MPa。热水表间应无明显相互影响。安装在测量段中的任何管件或装置都不应引起可能导致热水表性能变化或造成测量误差的空化或流体扰动现象。对有些类型的速度式热水表，其准确度易受到如弯头、阀或泵等引起的上游扰动的影响，所以应将被试热水表设置在上、下游能有最大长度直管段的位置上，并且尽可能地避免有弯头、泵、锥管和上游管段系统直径变化等，必要时应加装流体整直器。

解读：对串联试验的装置，水温尽可能在每台被试热水表的入口位置测量。如果不能做到，则至少有测量第1台的入口处以及最末端水表的出口处水温的装置，用线性插值等方法计算出各台位被试热水表的水温。

收集法的热水体积通常用称重值除以水密度得到。容器内热水密度值可以用密度计实测，但直接测量是比较烦琐的事，水温的变化也影响测量结果。通常用计算公式换算到被试水表水温和压力下的体积。这一换算通常按国际水和水蒸汽性质协会（IPAWS）相关公式进行，由于这些公式是基于蒸馏水的结果，国内各地水质情况不同，各种版本的水温与水密度的表格数据也有差异。因此适当的验证以确定因此而带来的不确定度是必要的。

10.4.3.5 试验期间流量应保持选定的值不变。每次试验期间流量的相对变化（不包括启动和停止）在低区应不超过±2.5%，在高区应不超过±5.0%。试验期间水温的变化应不大于5℃。

解读：许多热水表在低流速下的误差曲线变化易受到流量和水温变化的影响，而固有误差的试验结果与耐久性试验等密切相关，因此保持相同的试验条件很重要，需要对这些试验条件进行严格的控制。

10.4.3.6 热水表应按其安装符号标记或制造商声明的方式进行安装；如果无安装符号或有多种安装方式的，可只选择制造商声明的最典型安装方式进行试验。

解读：除了容积式水表外，型式批准只对已通过型式评价试验的安装方式及相应的参数进行。

10.4.4 试验程序

a）试验水温控制到50℃ ±5℃内，并使其稳定。

b）热水表的固有误差至少在以下流量点下确定：

1）$Q_1 \sim 1.1Q_1$之间；

2）$0.5(Q_1+Q_2) \sim 0.55(Q_1+Q_2)$之间（仅对$Q_2/Q_1>1.6$）；

3）$Q_2 \sim 1.1Q_2$之间；

4）$0.33(Q_2+Q_3)\sim0.37(Q_2+Q_3)$之间；

5）$0.67(Q_2+Q_3)\sim0.73(Q_2+Q_3)$之间；

6）$0.9Q_3\sim Q_3$之间；

7）$0.95Q_4\sim Q_4$之间。

如果有必要，根据热水表的计量性能特点和制造商的说明，可能增加其他流量试验点。

c）试验时热水表应不带附加装置（如果有的话）。

d）试验期间，其他影响量保持在参比条件范围内。

e）误差试验时读取并计算试验时间内热水表的示值 V_i 和秤量器的示值 M_a，按公式（1）规定计算热水表的示值误差 E。每点测量二次。

f）取二次误差的算术平均值作为该流量点下的误差测量结果。

g）当完成所有流量点的误差试验后，作出流量—误差特性曲线。

h）对 T70～T130 等级的最小工作水温为 0.1℃的热水表，将试验水温调控至 20℃ ±5℃，重复 b）～g）。

10.4.5　计算公式：以称量法装置为例

$$V_a = c\times\frac{M_a}{\rho} \tag{2}$$

$$E=\frac{V_i-V_a}{V_a}\times100\% \tag{3}$$

式中：

M_a——秤重读数；

ρ——热水密度；

c——浮力修正系数，用式（4）计算

$$c=\frac{1-\dfrac{\rho_a}{\rho_w}}{1-\dfrac{\rho_a}{\rho}} \tag{4}$$

式中：

ρ_a——空气密度，一般取 1.2kg/m^3；

ρ_w——砝码密度，取 $7\,800\text{kg/m}^3$。

10.4.6　合格判据

a）每个流量点的示值误差均不超过最大允许误差。如果样机中有一台或一台以上的热水表仅在一个流量点下超过最大允许误差，应对超差的热水表在该流量点下再重复一次试验。如果三次中有二次的结果及三次试验的算术平均值处于最大允许误差范围内，则表明试验符合要求。

b）如果热水表所有误差的符号都相同，至少其中一个误差应不超过最大允许误差的二分之一。

10.4.7　计量单元更换试验

10.4.7.1　试验目的

确认可更换式热水表的计量单元对成批生产的连接件不敏感。

该试验仅适用于计量单元可更换的热水表。

10.4.7.2　部件准备

选择 2 块计量单元和 5 块连接件。

试验前先校验好 2 块表。

不允许用转换器。

10.4.7.3　试验设备

同 10.4.3。

10.4.7.4 试验程序

a）用 2 块计量单元对所适配的 5 块连接件按 10.4.4 进行试验，得到 10 条误差曲线。

b）每一试验时，其他影响因子应保持在参比条件范围内。

10.4.7.5 合格判据

所有示值误差曲线均不超过适用的最大允许误差。

每 1 块计量单元对 5 块标准连接件的曲线偏差应不超过 0.5 倍最大允许误差；如果连接面尺寸相同而外壳形状不同和流形不同，则曲线偏差应不超过 1 倍最大允许误差。

10.5 无流动试验

10.5.1 试验目的

按本规范 6.2.8 条规定，检验热水表的无流动或无水条件下示值应无变化。

该试验仅对电子水表和带电子流速传感器或体积传感器的热水表。

至少对 1 块样机进行试验。

10.5.2 试验设备

同 10.4.3，安装要求相同。

10.5.3 试验程序

a）将热水表充满水，排出表中空气；

b）确保无水流通过流量传感器；

c）观察热水表示值 15min；

d）放空热水表中的水；

e）观察热水表示值 15min；

f）试验时除流量外的所有影响因子保持不变。

10.5.4 合格判据

热水表的累积值在每一试验时的变化应不超过热水表检定分格值。

10.6 水温影响试验

10.6.1 试验目的

测量水温对热水表示值误差的影响。

至少对 1 块样机进行试验。

10.6.2 试验设备

同 10.4.3，安装要求相同。

10.6.3 试验程序

a）在参比条件下，设定水表入口水温为 mAT（±5℃），对样机测量在 Q_2 流量下的示值误差。

b）在参比条件下，设定水表入口水温为最高允许温度 MAT（+0℃，-5℃），至少对一台热水表测量在 Q_2 流量下的示值误差。

注：对超过 T90 的热水表，如果热水表试验设备的水温不能达到 MAT（+0℃，-5℃），可在水温过载试验通过后，用 90℃（±5℃）的水温，至少对一台热水表测量在 Q_2 流量下的示值误差。

10.6.4 合格判据

热水表的示值误差均不超过适用的最大允许误差。

10.7 水温过载试验

10.7.1 试验目的

检验热水表性能否受本规范 6.2.7 条规定的过载水温的影响。至少对 1 块样机进行试验。

10.7.2 试验条件

除规定试验参数外，其他符合参比条件。

10.7.3 试验设备

试验采用水温过载试验设备或系统的水温应能达到（MAT+10）℃，试验流量达到参比流量。示值误差复测设备同 10.4.3 规定的设备。

解读：水温过载试验项目相对于 GB/T 778—2007 是新增的。对于 T90 及以下等级的热水表，试验装置与示值误差复测设备可用同一套装置，因为试验温度可能达到或接近 100℃。对 T130 等级，则需要另有一套加压循环系统，使试验水温达到 140℃。图 3－4－2 为 DN25 及以下口径的水温过载装置实物图。

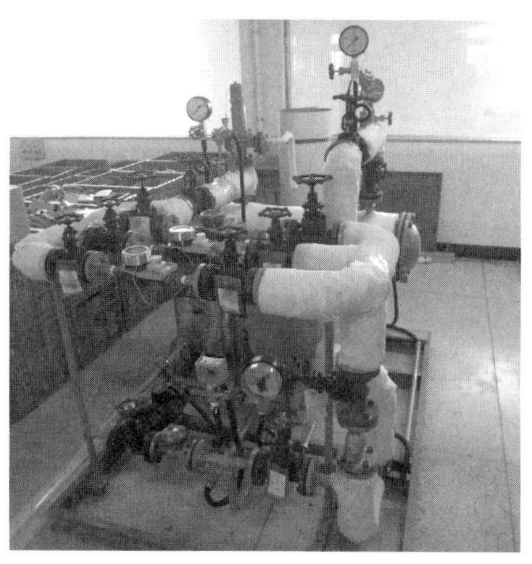

图 3－4－2　DN25 及以下口径的水温过载装置实物图

10.7.4　试验程序

a）当试验系统达到温度平衡后，使样机在水温（MAT＋10）℃热水下以参比流量流通热水，水温变化控制在±2.5℃内，运行 1h。

b）恢复后，对热水表按 10.4.4 测量其示值误差。

c）试验时，影响因子应保持在参比条件范围内。

10.7.5　合格判据

经水温过载试验并恢复后，热水表的示值误差均不超过适用的最大允许误差。

10.8　水压影响试验

10.8.1　试验目的

测量内部水压对热水表示值误差的影响。

至少对 1 块样机进行试验。

10.8.2　试验设备

试验设备同 10.4.3。可以借助其他动力设备使其试验压力达到最小工作压力和最大工作压力。最大工作压力下试验系统应无渗漏。

10.8.3　试验程序

a）对样机先在水表入口压力为 0.03MPa（±5%）下，然后在最大允许压力（0%，－10%）下，测量在 Q_2 流量下的示值误差。

b）每一试验时，其他影响因子应保持在参比条件范围内。

10.8.4　合格判据

热水表的示值误差均不超过适用的最大允许误差。

10.9　反向流试验

10.9.1　试验目的

检验当发生反向流时，热水表能否满足 6.2.6 的要求。

至少对 1 块样机进行试验。

10.9.2　试验条件

除规定试验流量外，其他按参比条件。

10.9.3　试验设备

同 10.4.3。被试热水表的安装按试验要求进行。

10.9.4 试验程序

10.9.4.1 可用于测量反向流的热水表

对样机在以下反向流量下测量示值误差：

a) $Q_1 \sim 1.1Q_1$ 之间；

b) $Q_2 \sim 1.1Q_2$ 之间；

c) $0.9Q_3 \sim Q_3$ 之间。

10.9.4.2 不可用于测量反向流的热水表

a) 热水表应承受 $0.9Q_3$ 到 Q_3 的反向流 1min。

b) 然后在下列正向流量下测量热水表的示值误差：

1) $Q_1 \sim 1.1Q_1$ 之间；

2) $Q_2 \sim 1.1Q_2$ 之间；

3) $0.9Q_3 \sim Q_3$ 之间。

10.9.4.3 防反向流热水表

a) 热水表应承受反向流方向最大允许工作压力至少 1min。

b) 然后在下列正向流量下测量热水表的示值误差：

1) $Q_1 \sim 1.1Q_1$ 之间；

2) $Q_2 \sim 1.1Q_2$ 之间；

3) $0.9Q_3 \sim Q_3$ 之间。

10.9.5 合格判据

热水表的示值误差均不超过适用的最大允许误差。

10.10 压力损失试验

10.10.1 试验目的

检查热水表的压力损失在 $Q_1 \sim Q_3$ 范围内的任何流量下都不超过 0.063MPa。

如果制造商提交的申请材料和样机所标明的压力损失小于 0.063MPa，则热水表的压力损失应不超过其明示值。

至少对 1 块样机进行试验。

10.10.2 试验条件

试验条件应符合热水表额定工作条件。

热水表的压力损失通过以下方式确定：在 Q_3（或者为 $Q_1 \sim Q_3$ 范围内产生最大压力损失的预定流量）下，测量装有水表时测量段的取压口之间的静压差 Δp_2，然后从中减去相同流量下不装水表时测得的上、下游管段的压力损失 Δp_1。

10.10.3 试验设备

压力损失试验设备包括一个装有被试热水表的管道系统测量段和产生规定的恒定流量流经热水表的设备。

在测量段的进水管和出水管应设置结构和尺寸相同的取压孔。

测量段由上、下游管段及其连接端、取压口和被试热水表组成。有关直管段长度和取压孔位置的测量段示意图见图 1，其中 D 是测量段管道系统的内径。

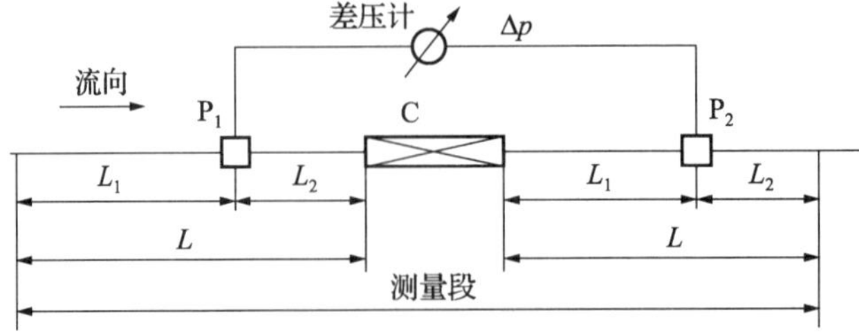

图 1 压力损失试验测量段示意图

注：P_1 和 P_2 表示取压口平面；

C 表示热水表（如果是同轴热水表，C 是热水表加集合管）

$L \geqslant 15D$，$L_1 \geqslant 10D$，$L_2 \geqslant 5D$。

试验时，用一根无泄漏的管子将同一平面上的每一组取压口接到差压测量装置（如差压计或差压变送器）的接口上，并应设法清除测量装置和连接管内的空气。

10.10.4　试验程序

a）将水表安装在压力损失试验设备上，通水排除管道中的空气。试验段下游测压孔处在流量 Q_3 下应保持足够的背压，流量应稳定并处于要求的水温范围中。差压测量装置和连接管内的空气应设法清除。

b）使流量在 $Q_1 \sim Q_3$ 内变化，观察差压测量装置的值，预定产生最大压力损失的流量。通常情况下这一预定流量为常用流量 Q_3。

c）在试验段安装热水表时，在 Q_3（或其他预定流量）下测量由于热水表加管段引起的压力损失 Δp_2。

d）在试验段未安装热水表时，在 Q_3（或其他预定流量）下再次测量由于管段的压力损失。

注：不装热水表时测量段的长度会缩短。如果试验装置上没有伸缩段，可以在测量段的下游端插入一段长度和内径与管段或相同的临时管道，或者插入被试热水表填满空当。

e）计算热水表的压力损失 Δp，为：

$$\Delta p = \Delta p_2 - \Delta p_1 \tag{5}$$

f）如果试验流量和 Q_3（或其他预定流量）有偏差时，可采用平方律公式将该流量下的实测压力损失按公式（6）换算到流量 Q_3 下的压力损失：

$$Q_3\text{下的压力损失} = \frac{Q_3^2}{\text{试验流量}^2} \times \text{实测压力损失} \tag{6}$$

如果最大压力损失产生在 Q_3 以外的预定流量时，式（6）中的 Q_3 应以预定流量代替。

注意在按公式（5）计算热水表压力损失前，管段压力损失和热水表加管段的压力损失应换算到同一流量下。

10.10.5　最大测量不确定度

压力损失测量结果的扩展不确定度（包含因子 $k=2$）应不超过5%。

10.10.6　合格判据

在 $Q_1 \sim Q_3$ 范围内的任何一个流量下，热水表的压力损失应不大于0.063MPa；如果制造商申请资料中声明的最大压力损失更小，则应不大于该值。

10.11　流动干扰试验

10.11.1　试验目的

试验目的是检验热水表在正向流和在可以反向流的情况下是否符合7.3.3条的要求。

注：

1　测量热水表上、下游出现规定的常见扰动流对水表示值误差的影响。

2　试验采用第1类和第2类扰动装置，分别产生向左（左旋）和向右（右旋）旋转流速场（漩涡）。这种类型的扰动流是直接连接成直角的两个90°弯管下游常见的。第3类扰动装置可产生不对称速度剖面，通常出现在突出的管道接头或未全开闸阀的下游。

10.11.2　试验条件

除规定试验参数外，其他符合参比条件。

10.11.3　试验设备

同10.4.3，其中试验段安装与热水表流动剖面敏感度等级对应的扰流器。1、2和3类流动扰动器采用GB/T 778.3—2007附录B的规定。

解读：图3－4－3为1、2和3类扰流器实物图，分别产生左旋漩涡、右旋漩涡和不对称速度剖面。

图 3-4-3　1、2 和 3 类扰流器实物图

10.11.4　试验程序

a）参照本规范附录 B，将热水表分别安装在规定的每一种安装配置条件下，确定样机在 $0.9Q_3 \sim Q_3$ 之间流量下的示值误差。

b）每次试验期间，其他影响因子都应控制在参比条件范围内。

附加要求：

1）在制造商规定热水表上游安装长度至少为 15DN 的直管段、下游安装长度至少为 5DN 的直管段的场合，不允许使用外部流动整直器。DN 为水表的标称口径。

2）制造商规定水表下游的直管段长度最小 5DN 时，应只进行附录 B 中的第 1、3 和 5 项试验。

3）对安装有外部流动整直器的热水表，制造商应规定整直器的型号、技术特性及其安装相对于热水表的位置。

4）根据这些试验的具体情况，不应将热水表中具有流动整直功能的装置看成是整直器。

5）某些类型的热水表已被证明不受水表上、下游流体扰动的影响，可免除对这类水表进行该项试验。

6）热水表的上下游直管段长度取决于热水表的流动剖面敏感度等级，见表 2 和表 3。

10.11.5　合格判据

在任何一种流动干扰试验中，热水表的示值误差应不超过适用的最大允许误差。

10.12　静磁场试验

10.12.1　试验目的

检验热水表在静磁场影响下是否符合 7.12 的要求。

至少对 1 块样机进行试验。

如果受试设备（EUT）为带电子装置水表，检验在静磁场影响下，所有功能是否正常。

10.12.2　试验条件

除规定试验参数外，其他符合参比条件。

10.12.3　试验设备

试验时的静磁场由环形磁铁产生。环形磁铁外形尺寸和磁场强度参数应符合 7.12 的规定。

10.12.4　试验程序

a）用规定的环形磁铁接触确定受试设备（EUT）的易受静磁场影响、可能导致热水表示值误差超过最大允许误差的部位。该部位的位置通过反复试验，根据误差以及对热水表类型和结构的了解和（或）以往的经验加以确定。磁铁的不同位置可以试验一下。

b）试验部位确定后，将磁铁固定在该部位，然后在 Q_3 流量下测量被试热水表的示值误差。

c）除另有规定外，测量示值误差时的试验装置和工作条件应符合 10.4.3 所述的规定，并采用参比条件。未标“H”或“V”的热水表，仅在水平轴向上进行试验。

d）测量并记录每个试验位置上磁铁相对于被试热水表的位置及其定向。

10.12.5　合格判据

施加试验条件后：

a）热水表的相对示值误差应不超过高区的最大允许误差。

b）受试设备（EUT）的所有功能应符合设计要求。

10.13　耐久性试验

在做耐久性试验时应符合热水表的额定工作条件。

耐久性试验包括连续流量试验和断续流量试验。

耐久性试验适用于正向流和可测量反向流的热水表，试验时热水表的定向参照制造商的声明或申请资料。对每一种适用的安装方式至少试验 1 块样机，断续流量试验和连续流量试验的样机相同。

耐久性试验参数见表 6。

解读：标称口径小于或等于 50mm、且常用流量 Q_3 小于或等于 $16m^3/h$ 的热水表，耐久性试验包括过载流量下 Q_4 的连续流量试验和常用流量 Q_3 的断续流量试验；其他热水表的耐久性试验包括过载流量下 Q_4 和常用流量 Q_3 的连续流量试验。

耐久性试验可以选择 1 块（及以上）进行试验。

连续流量试验和断续流量试验的试验和判定是各自独立的，尚无明确规定试验的先后顺序，可按试验需求安排。

10.13.1　断续流量试验

10.13.1.1　试验目的

检验热水表在周期性流动条件下的耐用性。

该项试验仅适用于标称口径小于或等于 50mm、且常用流量 Q_3 小于或等于 $16m^3/h$ 的热水表。

该项试验可分段进行，但每段至少持续 6h。

10.13.1.2　试验条件

除规定试验参数外，其他符合热水表额定工作条件。

10.13.1.3　试验设备

试验设备由供水系统（不加压容器、加压容器、水泵等）和管道系统组成。

热水表可串联或并联或二种方式组合进行试验。

除了热水表外，管道系统由下列组成：

1）流量调节装置（如果必要，成组试验中热水表的每条线都应有）；

2）一个或多个隔断阀；

3）测量热水表上游水温的装置；

4）检查流量、循环持续时间和循环数量的装置；

5）成组试验时每条热水表串联线的流量中断装置；

6）在入口和出口测量压力的装置。

各种装置不应导致空穴现象或热水表其他额外磨损。

热水表及连接管道应便于排出空气。

反复开启和关闭的动作时流量变化应渐变，以防止产生水锤。

一个完整的循环由下列四个阶段组成：

a）从零到试验流量 Q_3 阶段；

b）恒定试验流量 Q_3 阶段；

c）从试验流量 Q_3 到零阶段；

d）零流量阶段。

试验设备使热水表承受规定次数的短时启动、停止流量循环。在整个试验期间，每个循环的恒定试验流量阶段都保持规定的流量 Q_3。

10.13.1.4　试验程序

a）按 10.4.4 规定的方法确定热水表试验前较高参比工作水温下的示值误差，并作出流量－误差曲线。

b）将热水表单独或成组安装于试验设备上，成组安装时排列方向与确定固有误差时一致。

c）试验期间，保持水表在其额定工作条件内，下游的压力足够高以防止在热水表内产生空穴。

d）调节流量至规定的允差内。

e）按表6规定的参数条件运行热水表。

f）断续流量试验后，在相同的流量点下按10.4.4测量并计算热水表的相对示值误差，将试验后的误差减去试验前的误差，得出误差偏移量。

断续试验时，还要求：

i）试验期间，除了开启、关闭、停止阶段外，流量相对变化应不超过±10%。试验中的水表可用来核查流量。

ii）流量循环的每个阶段的时间允差应不超过±10%，总试验持续时间允差应不超过±5%。

iii）循环数应不低于规定值，但不应超过1%。

iv）试验期间排出体积应等于规定试验流量与整个试验理论时间（运行阶段加上转换和停止阶段）乘积的一半，允差为±5%。

v）试验期间至少每天一次应记录下列参数：

① 热水表上游的压力；

② 热水表下游的压力；

③ 热水表上游的温度；

④ 断续试验中循环的四个阶段的持续时间；

⑤ 流过热水表的流量；

⑥ 循环数量（周期数）；

⑦ 试验热水表的读数。

10.13.1.5　合格判据

（1）1级热水表：

a）误差曲线的变化在低区（$Q_1 \leqslant Q < Q_2$）应不超过2%，在高区（$Q_2 \leqslant Q \leqslant Q_4$）应不超过1%。

b）误差曲线的最大允许误差在低区（$Q_1 \leqslant Q < Q_2$）为±4%，在高区（$Q_2 \leqslant Q \leqslant Q_4$）为±2.5%。

这两项要求采用平均示值误差。

（2）2级热水表：

a）误差曲线的变化在低区（$Q_1 \leqslant Q < Q_2$）应不超过3%，在高区（$Q_2 \leqslant Q \leqslant Q_4$）应不超过1.5%。

b）误差曲线的最大允许误差在低区（$Q_1 \leqslant Q < Q_2$）为±6%，在高区（$Q_2 \leqslant Q \leqslant Q_4$）为±3.5%。

这两项要求采用平均示值误差。

10.13.2　连续流量试验

10.13.2.1　试验目的

检验热水表在经受连续、过载流量条件下的耐久性能。

该项试验是使热水表在规定的持续时间内承受恒定的Q_4流量。

该项试验可分段进行，但每段至少持续6h。

10.13.2.2　试验条件

除规定试验参数外，其他符合热水表额定工作条件。

10.13.2.3　试验设备

试验设备由供水系统（不加压容器、加压容器、水泵等）和管道系统组成。

热水表可串联或并联或二种方式组合进行试验。

除了被试热水表外，管道系统由下列组成：

a）流量调节装置；

b）一个或多个隔断阀；

c）测量热水表上游水温的装置；

d）检查流量和持续时间的装置；

e）在入口和出口测量压力的装置。

各种装置不应导致空穴现象或热水表其他额外磨损。

热水表及连接管道应便于排出空气。

10.13.2.4　试验程序

a）按 10.4.4 规定的方法确定热水表试验前较高参比工作水温下的示值误差，并作出流量－误差曲线。

b）将热水表单独或成组安装于试验设备上，成组安装时排列方向与确定固有误差时一致。

c）完成下列试验：

1）对 Q_3 小于或等于 $16m^3/h$ 的热水表，在 Q_4 下运行 100h；

2）对 Q_3 大于 $16m^3/h$ 的热水表，在 Q_4 下运行 200h。

d）在试验期间应保持额定工作条件，每台热水表出口处的压力应足够高以防止空穴现象发生。

e）连续流量试验后，按 10.4.4 的方法在相同的流量点下测量热水表的示值误差。

f）对每个流量点，将试验后的误差减去试验前的示值误差，取其绝对值，得出误差偏移量。

连续试验时，还要求：

i）试验时流量应在预设值处保持恒定，流量的相对变化不超过 ±10%（除了开启和停止时）。

ii）规定的试验时间是最小值。

iii）试验期间排出体积不应小于规定试验流量与规定时间的乘积。为满足这一条件，需经常校正流量。用于试验的热水表可用来核查流量。

iv）试验期间至少每天一次应记录下列参数：

① 热水表上游的压力；

② 热水表下游的压力；

③ 热水表上游的水温；

④ 流过热水表的流量；

⑤ 试验热水表的读数。

10.13.2.5　合格判据

（1）1 级热水表：

a）误差曲线的变化在低区（$Q_1 \leq Q < Q_2$）应不超过 2%，在高区（$Q_2 \leq Q \leq Q_4$）应不超过 1%。

b）误差曲线的最大允许误差在低区（$Q_1 \leq Q < Q_2$）为 ±4%，在高区（$Q_2 \leq Q \leq Q_4$）为 ±2.5%。

这两项要求采用平均示值误差。

（2）2 级热水表：

a）误差曲线的变化在低区（$Q_1 \leq Q < Q_2$）应不超过 3%，在高区（$Q_2 \leq Q \leq Q_4$）应不超过 1.5%。

b）误差曲线的最大允许误差在低区（$Q_1 \leq Q < Q_2$）为 ±6%，在高区（$Q_2 \leq Q \leq Q_4$）为 ±3.5%。

这两项要求采用平均示值误差。

10.14　功能试验

10.14.1　试验目的

检查受试设备（EUT）是否具备并符合产品标准所述的功能。

常见的功能有显示、控制、提示、价格等。如带电子装置的机械式热水表有主示值信号转换功能；IC 卡热水表中的阀门控制功能；带阶梯水价的热水表的价格和金额显示等。

10.14.2 试验条件

在热水表额定工作条件下进行。

10.14.3 试验设备

功能检查一般可利用样机或受试设备（EUT）本身和常规的水表流量试验装置进行，部分功能可能需要制造商提供与其热水表产品相配的部件、检测设备、仪表或软件。

10.14.4 试验方法

按产品标准规定的方法进行检查。

10.14.5 合格判据

功能试验结果应符合产品标准的规定。

解读：除了热水表的主示值显示功能外，尚无其他法制计量方面的功能要求，而热水表制造商可能根据客户管理需求进行显示、控制、提示等方面的功能设计，因此该项目按其产品标准对明示的功能进行检查，这样也可能需要制造商提供相应的部件、检测设备、仪表或软件。

10.15 气候环境试验－干热（无冷凝）

10.15.1 试验目的

检验受试设备（EUT）在施加规定的环境高温条件下，计量性能是否符合6.2要求。

10.15.2 试验设备

试验设备配置应符合GB/T 2423.2。

试验设备配置的指南见GB/T 2424.1和GB/T 2421。

10.15.3 试验程序

a）受试设备（EUT）不作预调。

b）下列试验条件下对受试设备（EUT）测量参比流量下的示值误差。

1）受试设备（EUT）加温前，在20℃ ±5℃的参比气温下；

2）受试设备（EUT）在55℃ ±2℃稳定2h后，在此气温下；

3）受试设备（EUT）恢复后，在20℃ ±5℃的参比气温下。

c）计算每种试验条件下的相对示值误差。

d）施加试验条件期间，检查受试设备（EUT）功能是否正常。

附加程序要求：

i）如果测量传感器包含在受试设备（EUT）内的话，有必要让流速传感器处于水中，水温应控制在参比条件内。

ii）除另有规定外，测量示值误差时的试验装置、安装和运行条件应符合本规范规定，并采用参比条件。除标注“V”以外安装方式的热水表均应安装成水平流向，有两个参比温度的热水表仅在较低温度下进行试验。

10.15.4 合格判据

施加试验条件期间：

a）受试设备（EUT）的所有功能应符合设计要求；

b）试验条件下，受试设备（EUT）的相对示值误差应不超过高区的最大允许误差。

解读：气候环境试验时，如受试设备（EUT）为整台样机，则水表试验段设法安放在可实现干热、低温、交变湿热条件的环境试验箱中，管路的进出口与供水系统和标准器等试验设备相连。试验时要考虑到被试水表的读数实现方法。

10.16 气候环境试验－低温

10.16.1 试验目的

检验受试设备（EUT）在施加规定的环境低温条件下，计量性能是否符合6.2要求。

10.16.2　试验设备

试验设备配置应符合 GB/T 2423.1。

试验设备配置的指南见 GB/T 2424.1 和 GB/T 2421。

10.16.3　试验程序

a）受试设备（EUT）不作预调。

b）在参比流量和参比气温下测量受试设备（EUT）的示值误差。

c）将环境温度稳定在 -25℃（环境等级 O 级或 M 级的热水表）或 +5℃（环境等级 B 级的热水表）2h。

d）在 -25℃（环境等级 O 级或 M 级的热水表）或 +5℃（环境等级 B 级的热水表）的气温下，测量受试设备（EUT）在参比流量下的示值误差。

e）受试设备（EUT）恢复后，在参比气温和参比流量下测量受试设备（EUT）的示值误差。

f）计算每种试验条件下的相对示值误差。

g）施加试验条件期间，检查受试设备（EUT）功能是否正常。

附加程序要求：

i）如果流量检测元件内需要有水，则水温应保持参比温度；

ii）除另有规定外，测量示值误差时的试验装置、安装和运行条件应符合本规范规定，并采用参比条件。除标注“V”以外安装方式的热水表均应安装成水平流向，有两个参比温度的热水表仅在较低温度下进行试验。

10.16.4　合格判据

施加稳定后的试验条件期间：

a）受试设备（EUT）的所有功能应符合设计要求；

b）试验条件下，受试设备（EUT）的相对示值误差应不超过高区的最大允许误差。

10.17　气候环境试验 - 交变湿热（凝结）

10.17.1　试验目的

检验受试设备（EUT）在施加规定的高湿度结合温度循环变化条件下，计量性能是否符合 6.2 要求。

10.17.2　试验设备

试验设备配置应符合 GB/T 2423.4。

试验设备配置的指南见 GB/T 2424.2。

10.17.3　试验程序

试验装置的性能、受试设备（EUT）的调整与恢复及其受湿热条件下循环温度变化的影响应符合 GB/T 2423.4 的相关要求。

试验程序包括下列 a）到 f）步骤。

a）对受试设备（EUT）进行预调。

b）将受试设备（EUT）暴露于温度下限 25℃、上限 55℃（环境等级 O 和 M）或 40℃（环境等级 B）之间的温度循环变化中（2 个 24h 循环）。在温度变化期间和低温阶段，将相对湿度保持在 95% 以上；在高温阶段将相对湿度保持在 93%。温度上升时受试设备（EUT）上一般应有水凝结现象。24h 循环包括：

1）升温 3h；

2）从循环开始温度在上限值至少保持 12h；

3）在 3h 至 6h 内温度下降至下限值，开始 1h30min 的下降速度应可保证在 3h 内能降至温度下限值；

4）温度下限值保持至完成 24h 循环。

c）让受试设备（EUT）恢复。

d）恢复后，检查受试设备（EUT）是否功能正常。

e）在参比流量下测量受试设备（EUT）的示值误差。

f）计算相对示值误差。

附加程序要求：

i）在1）到3）步骤期间切断受试设备（EUT）的电源。

ii）循环试验前后的稳定时间应保证受试设备（EUT）各部件的最终温度相差不超过3℃。

iii）除另有规定外，测量示值误差时的试验装置、安装和运行条件应符合本规范规定，并采用参比条件。除标注“V”以外安装方式的热水表均应安装成水平流向，有两个参比温度的热水表仅在较低温度下进行试验。

10.17.4　合格判据

施加影响因子并恢复后：

a）受试设备（EUT）的所有功能应符合设计要求；

b）试验条件下，受试设备（EUT）的相对示值误差在试验前后的变化应不超过高区的最大允许误差的一半。

10.18　电源变化试验 – 电压变化

10.18.1　直接交流或用交直流转换器供电的热水表

10.18.1.1　试验目的

检验电子装置在交流（单相）主电源静态偏差影响期间，是否符合6.2的要求。电源电压为主电压的额定范围，上限为 U_U、下限为 U_L，电源标称频率为 f_{nom}。

10.18.1.2　试验设备

试验设备配置应符合GB/T 17626.11。

10.18.1.3　试验程序

a）在受试设备（EUT）在参比条件下工作时，将其置于电源电压变化状态下。

b）在施加主电源电压上限值 $1.1U_{nom}$（1+10%）或 $1.1U_U$ 时，测量受试设备（EUT）的示值误差。

c）在施加主电源电压下限值 $0.85U_{nom}$ 或 $0.85U_L$ 时，测量受试设备（EUT）的示值误差。

d）计算每种试验条件下的相对示值误差。

e）检查受试设备（EUT）在施加每种电源变化期间是否正常工作。

附加程序要求：

i）测量示值误差时，受试设备（EUT）应处于参比流量条件下。

ii）除另有规定外，测量示值误差时的试验装置、安装和运行条件应符合本规范规定，并采用参比条件。除标注“V”以外安装方式的热水表均应安装成水平流向，有两个参比温度的热水表仅在较低温度下进行试验。

10.18.1.4　合格判据

施加试验条件后：

a）受试设备（EUT）的所有功能应符合设计要求。

b）热水表的相对示值误差应不超过高区的最大允许误差。

10.18.2　电池供电的热水表

10.18.2.1　试验目的

试验的目的是检验电池供电的电子装置在电池供电电压静偏差期间，是否符合6.2的要求。

10.18.2.2　试验程序

a）受试设备（EUT）在参比条件下工作时，将其接受电源电压变化影响。

b）施加电压上限值 U_{max} 时，测量受试设备（EUT）的示值误差。

c）施加电压下限值 U_{min} 时，测量受试设备（EUT）的示值误差。

d）计算每种试验条件下的相对示值误差。

e）施加每种电源变化时，检查受试设备（EUT）是否正常工作。

附加程序要求

i）测量示值误差期间，受试设备（EUT）应处于参比流量条件下。

ii）除另有规定外，测量示值误差时的试验装置、安装和运行条件应符合本规范规定，并采用参比条件。除标注“V”以外安装方式的热水表均应安装成水平流向，有两个参比温度的热水表仅在较低温度下进行试验。

10.18.2.3 合格判据

施加电源变化期间：

a）受试设备（EUT）的所有功能应符合设计要求；

b）在试验条件下，受试设备（EUT）的相对示值误差应不超过高区的最大允许误差。

10.19 电源变化试验－电池断电

10.19.1 试验目的

检验热水表在更换供电电池时是否符合6.2的要求。

该项试验仅适用于采用可更换电池供电的热水表。

10.19.2 试验程序

a）确认热水表可以工作。

b）卸下电池，1h后再装上。

c）检查热水表的功能。

10.19.3 合格判据

施加试验条件后：

a）受试设备（EUT）的所有功能应符合设计要求；

b）积算值或储存的值应保持不变。

10.20 机械环境试验－振动（随机）

10.20.1 试验目的

检验受试设备（EUT）在施加规定的施加随机振动条件下，计量性能是否符合6.2要求。

本条款仅适用于移动式安装的热水表（环境等级M级）。

10.20.2 试验设备

试验设备配置应符合GB/T 2423.43和GB/T 2423.56。

10.20.3 试验程序

a）用受试设备（EUT）通常的安装方式将其安装在刚性夹具上，使重力作用于受试设备（EUT）正常使用时的相同方向上。如果重力影响不明显，且热水表上没有标明H或V，则受试设备（EUT）可以安装成任何一种姿态。

b）依次在三个互相垂直的轴向上向受试设备（EUT）施加10Hz～150Hz频率范围内的随机振动，每个轴向至少2min。

c）让受试设备（EUT）恢复一段时间。

d）检查受试设备（EUT）能否正常工作。

e）在参比流量下测量受试设备（EUT）的示值误差。

f）计算相对示值误差。

附加程序要求：

i）若受试设备（EUT）包含流量检测元件，施加扰动期间应不充水。

ii）在a）、b）、c）步骤期间应切断受试设备（EUT）的电源。

iii）施加振动期间应满足下列条件：

① 总的RMS等级：$7ms^{-2}$

② ASD等级10Hz～20Hz：$1m^2s^{-3}$

③ ASD等级20Hz～150Hz：－3dB/octave

iv）除另有规定外，测量示值误差时的试验装置、安装和运行条件应符合本规范规定，并采用参比条件。除标注“V”以外安装方式的热水表均应安装成水平流向，有两个参比温度的热水表仅在较低温度下进行试验。

10.20.4 合格判据

施加干扰并恢复后：

a）受试设备（EUT）的所有功能应符合设计要求；

b）试验条件下，受试设备（EUT）的相对示值误差在试验前后的变化应不超过高区的最大允许误差的一半。

解读：机械环境试验时，受试设备（EUT）一般为整台样机。

10.21 机械环境试验－机械冲击

10.21.1 试验目的

检验受试设备（EUT）在施加规定的机械冲击后，计量性能是否符合6.2要求。

本条款仅适用于移动式安装的热水表（环境等级M级）。

10.21.2 试验设备

试验设备配置应符合GB/T 2423.7和GB/T 2423.43。

10.21.3 试验程序

a）将受试设备（EUT）以正常使用姿态安放在一个刚性平面上，朝一个底边翘起受试设备（EUT），使其对边高于刚性平面50mm，但受试设备（EUT）的底面与试验平面形成的夹角应不超过30°；

b）让受试设备（EUT）自由下落在试验平面上；

c）每个底边重复以上2步骤；

d）让受试设备（EUT）恢复一段时间；

e）检查受试设备（EUT）能否正常工作；

f）在参比流量下测量受试设备（EUT）的示值误差；

g）计算相对示值误差。

附加程序要求：

i）若受试设备（EUT）包含流量检测元件，施加扰动期间应不充水。

ii）在a）、b）、c）步骤期间应切断受试设备（EUT）的电源。

iii）除另有规定外，测量示值误差时的试验装置、安装和运行条件应符合本规范规定，并采用参比条件。除标注“V”以外安装方式的热水表均应安装成水平流向，有两个参比温度的热水表仅在较低温度下进行试验。

10.21.4 合格判据

施加扰动且恢复后：

a）受试设备（EUT）的所有功能应符合设计要求；

b）试验条件下，受试设备（EUT）的相对示值误差在试验前后的变化应不超过高区的最大允许误差的一半。

10.22 电磁环境试验－短时电源中断

10.22.1 试验目的

检验由主电源供电的受试设备（EUT）在施加主电源电压短时中断和下降时，是否符合6.2要求。

10.22.2 试验设备

试验设备配置应符合GB/T 17626.11。

10.22.3 试验程序

a）实施功率下降试验前测量受试设备（EUT）的示值误差。

b）在实施至少 10 次电压中断和 10 次电压下降期间测量受试设备（EUT）的示值误差。

c）计算每一种试验条件下的相对示值误差。

d）从施加电压下降后测得的热水表的示值误差中减去下降前测得的示值误差。

e）检查受试设备（EUT）功能是否正常。

附加程序要求：

i）采用一个测试信号发生器，适合在规定的时间里减少交流主电压的幅值。

ii）在与受试设备（EUT）连接前，测试信号发生器应得到检验。

iii）在测量受试设备（EUT）的示值误差所需的整个时间段内施加电压中断和电压下降。

iv）电压中断：交流电源电压从标称值（U_{nom}）下降到零电压，持续 250 周期（50Hz）。

v）施加电压中断以 10 次为一组。

vi）电压下降：电源电压从标称电压下降到标称电压的 0%，持续 0.5 个周期；下降到标称电压的 50%，持续 1 个周期；下降到标称电压的 70%，持续 25 个周期（50Hz）。

vii）施加电压下降以 10 次为一组。

viii）每一次电压中断或下降都在电源电压的零相交点上开始、终止和重复。

ix）主电源电压中断和下降至少重复 10 次，每组中断和下降至少间隔 10s。在测量受试设备（EUT）的示值误差期间重复这个顺序。

x）测量示值误差期间，受试设备（EUT）应处于参比流量条件下。

xi）除另有规定外，测量示值误差时的试验装置、安装和运行条件应符合本规范规定，并采用参比条件。除标注“V”以外安装方式的热水表均应安装成水平流向，有两个参比温度的热水表仅在较低温度下进行试验。

xii）如果受试设备（EUT）的工作电源电压设计成一个范围时，电压下降和中断试验应从该电压范围的平均电压开始。

10.22.4　合格判据

a）施加短时功率下降后，受试设备（EUT）的所有功能应符合设计要求。

b）施加短时功率下降期间得到的相对示值误差与试验前在参比条件下以相同流量下取得的相对示值误差的差值，应不超过高区最大允许误差的二分之一。

10.23　电磁环境试验－脉冲群

10.23.1　试验目的

检验受试设备（EUT，包括其外部电缆）在主电源电压上叠加电脉冲群的条件下，是否符合 6.2 的要求。

10.23.2　试验设备

试验设备配置应符合 GB/T 17626.4。

具有直流电源输入端口与 AC－DC 电源转换器配合使用的装置应按制造商的规定对 AC－DC 电源转换器的交流电源输入进行试验，若制造商未作规定，应使用一个典型 AC－DC 电源转换器进行试验。此试验适用于准备永久连接长度超过 10m 的电缆的直流电源输入端口。

10.23.3　试验程序

a）施加电脉冲群之前，测量受试设备（EUT）的示值误差；

b）施加双指数波形的瞬变电压尖峰电脉冲群期间，测量受试设备（EUT）的示值误差；

c）计算每种条件下的相对示值误差；

d）从施加脉冲群后测得的热水表示值误差中减去施加前测得的示值误差；

e）检查受试设备（EUT）功能是否正常。

附加程序要求：

i）采用的脉冲群发生器的性能参数符合引用标准的规定。

ii）在与受试设备（EUT）连接前，发生器特征参数应得到检验。

iii）每一尖峰的（正或负）幅值应为1kV，随机相位，上升时间5ns，二分之一幅值持续时间50ns。

iv）脉冲群长度应为15ms，脉冲群周期（重复时间间隔）应为300ms。

v）电源上的射状网络应有闭塞滤波器，以防止脉冲群能量在主电源上消散。

vi）测量受试设备（EUT）的示值误差时，所有脉冲群不应以不同步模式（非对称电压）施加。

vii）测量示值误差时，受试设备（EUT）应处于参比流量状态下。

viii）除另有规定外，测量示值误差时的试验装置、安装和运行条件应符合本规范规定，并采用参比条件。除标注“V”以外安装方式的热水表均应安装成水平流向，有两个参比温度的热水表仅在较低温度下进行试验。

10.23.4　合格判据

a）施加干扰后，受试设备（EUT）的所有功能应按设计正常运行。

b）施加脉冲群期间取得的相对示值误差与试验前在参比条件下以相同流量取得的相对示值误差的差值，应不超过高区最大允许误差的二分之一。

10.24　电磁环境试验－浪涌抗扰性

10.24.1　试验目的

检验在水表连接的若干条长度超过10m的线路上叠加浪涌瞬变时，受试设备（EUT）是否符合6.2的要求。

10.24.2　试验设备

试验配置应符合GB/T 17626.5。

具有直流电源输入端口与AC－DC电源转换器配合使用的装置应按制造商的规定对AC－DC电源转换器的交流电源输入进行试验，若制造商未作规定，应使用一个典型AC－DC电源转换器进行试验。此试验适用于准备永久连接长度超过10m的电缆的直流电源输入端口。

10.24.3　试验程序

在施加浪涌瞬变电压期间，在（实际或模拟）参比流量下测量受试设备（EUT）的示值误差。

10.24.4　合格判据

施加浪涌瞬变电压后：

a）受试设备（EUT）的所有功能应符合设计要求。

b）施加浪涌瞬变电压期间取得的相对示值误差与试验前取得的相对示值误差的差值应不超过“高区”最大允许误差的二分之一。

10.25　电磁环境试验－静电放电

10.25.1　试验目的

检验受试设备（EUT）在施加直接和间接静电放电时是否符合6.2的要求。

10.25.2　试验设备

试验设备配置应符合GB/T 17626.2。

10.25.3　试验程序

a）实施静电放电之前，测量受试设备（EUT）的示值误差。

b）用一个合适的直流电压源给一个150pF容量的电容器充电，然后将支架的一端接地，另一端通过一个330Ω的电阻接到受试设备上操作人员通常可接近的表面，使电容器通过受试设备（EUT）放电。应实施下列条件：

1）如果合适，本试验包括漆层穿透法；

2）每一次接触放电，施加6kV电压；

3）每一次空气放电，施加8kV电压；

4）对接触放电的，当制造商声明有绝缘外层时应用空气放电方法；

5）在每个试验点，在相同测量或模拟测量时，至少施加10次直接放电，放电间隔至少10s；

6）对间接放电，在水平相对平面中应施加总数10次放电，对垂直相对平面的各种位置施加放电总次数 10 次。

c）施加静电放电时测量受试设备（EUT）的示值误差。

d）计算每一种试验条件下受试设备（EUT）的相对示值误差。

e）从施加静电放电后测得的热水表示值误差中减去施加静电放电之前测得的示值误差，确定是否超过了明显偏差。

附加程序要求：

i）测量示值误差时，受试设备（EUT）应处于参比流量条件下。

ii）除另有规定外，测量示值误差时的试验装置、安装和运行条件应符合本规范规定，并采用参比条件。除标注“V”以外安装方式的热水表均应安装成水平流向，有两个参比温度的热水表仅在较低温度下进行试验。

iii）如果某种特定结构的水表已被证实在额定工作流量条件下不受静电放电影响，负责型式评价的技术机构应可选择零流量进行静电放电试验。

iv）对没有接地装置的受试设备（EUT），放电试验之间受试设备（EUT）应充分放电。

v）接触放电是优先的试验方法，只有当接触放电不能进行时才进行空气放电。

10.25.4　合格判据

a）施加扰动后，受试设备（EUT）的所有功能应符合设计要求。

b）施加静电放电期间取得的相对示值误差与试验前在参比条件下取得的相对示值误差之差应不超过高区最大允许误差的二分之一。

c）对于在零流量条件下进行的试验，水表积算值的变化应不大于检定分格值。

10.26　电磁环境试验－电磁敏感性

10.26.1　试验目的

检验受试设备（EUT）在施加辐射电磁场下时是否符合 6.2 的要求。

10.26.2　试验设备

试验设备配置应符合 GB/T 17626.3。

10.26.3　试验程序

确定参比条件下的固有误差从起始频率开始，达到表 22 中下一个频率时终止。

a）施加电磁场前，在参比条件下测量受试设备（EUT）的固有误差。

b）根据附加要求 i）～v）施加电磁场。

c）开始再次测量受试设备（EUT）的示值误差。

d）逐步增大载波频率，直至达到表 22 中的下一频率。

e）停止测量受试设备（EUT）的示值误差。

f）计算受试设备（EUT）的相对示值误差。

g）计算明显偏差，即 a）测得的固有误差与 f）测得的示值误差的差值。

h）改变天线的极化。

i）重复 b）～h）。

j）检查受试设备（EUT）功能是否正常。

附加要求：

i）受试设备（EUT）及其至少 1.2m 长的外接电缆应置于辐射射频场下。

ii）26MHz～200MHz 频率范围的首选发射天线是双锥形天线，200MHz～1000MHz 频率范围的首选发射天线是对数周期形天线。

iii）试验是用垂直天线和水平天线分别进行 20 次局部扫描。每次扫描的起始频率和终止频率见表 22。

iv）在频率开始和到达表 22 中下一个最高频率终止时，测量每次的固有误差。

v）每次扫描时，频率应以实际频率 1% 的增幅逐步增加，直至达到表中列出的下一频率。每个 1% 增幅的驻留时间必须相同。驻留时间取决于 RVM 测量的分辨力，但对于扫描中的载波频率驻留时间应相等。

表 22　起始和终止载波频率

频率/MHz	频率/MHz	频率/MHz
26	150	435
40	160	500
60	180	600
80	200	700
100	250	800
120	350	934
144	400	1000
注：断点是近似值。		

vi）在表 22 所列所有的扫描情况，都应进行示值误差测量。

vii）测量示值误差时，受试设备（EUT）应处于参比流量条件下。

viii）除另有规定外，测量示值误差时的试验装置和工作条件应符合 10.4.3 所述的规定，并采用参比条件。

ix）如果某种特定结构的水表已被证实在额定流量工作条件下不受辐射电磁场的影响，负责型式评价的技术机构可自由选择零流量进行电磁敏感性试验。

10.26.4　合格判据

a）施加扰动后，受试设备（EUT）的所有功能应符合设计要求。

b）施加每个载波频率期间测得的相对示值误差与试验前在参比条件下测得的相同流量下的相对示值误差之差，应不超过高区最大允许误差的二分之一。

c）在零流量条件下进行试验时，水表积算值的变化应不大于检定分格值。

11　试验项目所用计量器具表

表 23　试验用计量器具表

序号	名称	测量范围	主要性能指标	备注
1	热水流量标准装置	流量范围、试验水温、口径范围及上下游直管段要求应覆盖被试热水表的参数	扩展不确定度应不大于热水表最大允许误差绝对值的五分之一	
2	耐压试验装置	试验压力至少 2MPa，试验水温应覆盖被试热水表的参数	压力表 2.5 级	
3	水温影响试验装置	试验水温应覆盖被试热水表的最高和最低水温参数		
4	水温过载试验装置	试验水温至少达到热水表最大工作温度以上 10℃		
5	水压影响试验	试验水压满足热水表最高和最低水压参数		
6	流动干扰试验用扰流器	包括 1 类扰动器（左旋涡发生器）、2 类扰动器（右旋旋涡发生器）和 3 类扰动器（速度剖面流动扰动器）	1 类、2 类、3 类扰动器的结构尺寸参见 GB/T 778.3—2007 附录 B	扰流器可在热水流量标准装置试验段上安装

续表

序号	名称	测量范围	主要性能指标	备注
7	差压计或差压变送器	量程 0.1MPa	准确度等级不低于 1.6 级	
8	热水表耐久性试验装置	流量范围、试验水温、口径范围、启停控制应符合表 6 要求		
9	环形磁铁	符合 GB/T 778.3—2007 表 10 要求		
10	环境试验箱	满足表 8、表 9、表 10 对低温、干热、交变湿热试验严酷等级要求		试验段可与热水流量标准装置相联
11	调频调压电源		满足试验要求	
12	静电放电发生器		满足试验要求	
13	射频信号发生器		满足试验要求	
14	电快速瞬变脉冲群发生器		满足试验要求	
15	电压暂降、短时中断发生器		满足试验要求	

附录 A

型式评价记录格式

一、检查记录格式

对每个已进行和完成试验报告的检查或试验在“+”或“-”号栏打符号“×”，如不适用写符号“n/a”。

每项检查应用下列格式填写：

+	-	
×		通过
	×	不通过
n/a	n/a	不适用

规程条款	技术要求	+	-	备注
计量法制要求				
5.1	计量单位应采用： 体积：立方米，符号 m^3； 流量：立方米每小时或升每小时，符号 m^3/h、L/h			
5.2	规范设计和使用制造计量器具许可证和型式批准的标志和编号			
5.3	凡可能影响热水表计量特性的部位应采用封闭式结构设计并留有加封印的位置 凡可能影响热水表计量特性参数的接触应有可靠的电子封印或其他可靠的封印措施，避免这些参数被任意修改			

续表

规程条款	技术要求	+	−	备注
标记和铭牌				
7.5	在热水表表壳、指示装置度盘或铭牌、不可分离的表盖上，或集中或分散标明有下列信息			
7.5（a）	计量单位：立方米或 m^3			
7.5（b）	准确度等级：如果不是2级，应标明			
7.5（c）	Q_3 值，Q_3/Q_1 的比值，Q_2/Q_1 的比值（当不为1.6时应注明）			
注：其他检查内容略。				

二、试验记录格式

本附录试验记录格式未包括功能试验和环境试验。功能试验记录内容参照产品标准，环境试验记录为环境施加记录和对应的功能检查记录和/或误差试验记录。

（一）静压力试验

第　　页共　　页

试验的开始时间　　年　　月　　日　　时　　分

试验的结束时间　　年　　月　　日　　时　　分

样机编号	1.6倍最大工作压力 MPa	开始时间	初始压力 MPa	结束时间	最后压力 MPa	备注

样机编号	2倍最大工作压力 MPa	开始时间	初始压力 MPa	结束时间	最后压力 MPa	备注

本试验项目合格判定要求：　　　　本试验项目的结论：

试验过程中的异常情况记录

所用计量器具的测量范围　　　　测量不确定度/准确度等级/最大允许误差

所用试验设备的名称　　　　型号　　　　编号

环境温度　　　　相对湿度　　　　大气压力

评价人员　　　　复核人员

（二）固有误差试验

第　页共　页

试验的开始时间　　年　　月　　日　　时　　分

试验的结束时间　　年　　月　　日　　时　　分

试验方法：	
水导电率（仅对电磁感应热水表）/(μS/cm)：	
热水表（或集合管）前的直管段长度/mm：	
热水表（或集合管）后的直管段长度/mm：	
热水表（或集合管）前后的标称直径/mm：	
描述整流器安装情况（如果用了的话）	

样机号：____________安装方式（V，H 或其他）：____________

流向：______________指示装置方位：____________

实际流量 $Q_{(\ )}$ m^3/h	供水压力 MPa	水温 T_W ℃	初始读数 $V_{i(i)}$ m^3	终止读数 $V_{i(f)}$ m^3	指示体积 V_i m^3	实际体积 V_a m^3	单次误差 E_m %	MPE[a)] %
b)								
						E_{m2}		
						E_{m3}		

（以上表格按样机数和流量试验点数量复制）

注：a）对整体热水表来说，根据热水表的准确度等级为 6.2 中规定的最大允许误差。如果受试设备 EUT 是一个可分离的组合，最大允许误差（MPE）应由制造商定义。合格判据为 10.4.6。

b）如果第 1 次或第 2 次试验结果大于最大允许误差，则进行第 3 次试验。

E_m = 在实际流量 $Q_{(\ )}$ 下取得的误差值；

E_{m2} = 在相同名义流量 $Q_{(\ )}$ 下取得的二次测量（指示）误差的平均值；

E_{m3} = 在相同名义流量 $Q_{(\ )}$ 下取得的三次测量（指示）误差的平均值。

本试验项目合格判定要求：　　　　　　　　本试验项目的结论：

试验过程中的异常情况记录

所用计量器具的测量范围　　　　　　　　测量不确定度/准确度等级/最大允许误差

所用试验设备的名称　　　　型号　　　　编号

环境温度　　　　相对湿度　　　　大气压力

评价人员　　　　　　　　复核人员

注：其他试验项目记录略。

解读：记录包括检查记录和试验记录，格式参照 OIML R49－3：2013。记录格式的统一和受控也是 JJF 1016—2014《计量器具型式评价大纲编写导则》和各技术机构实验室的要求。实际操作过程中，部分自动化程度较好的设备应参照此要求进行试验参数设定、自动读数和计算处理的测量软件的设计。

附录 B

流动干扰试验的安装要求

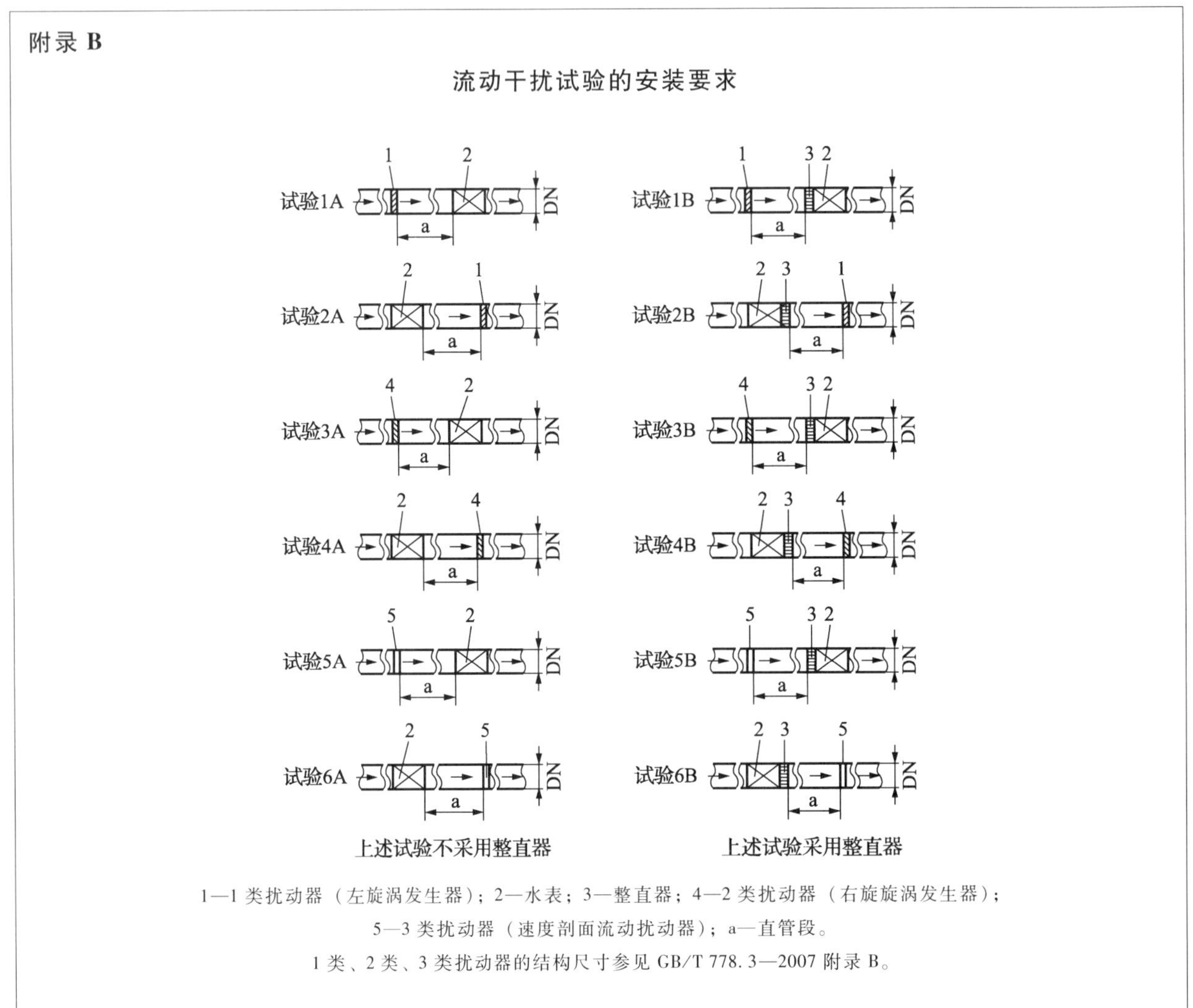

1—1 类扰动器（左旋涡发生器）；2—水表；3—整直器；4—2 类扰动器（右旋旋涡发生器）；5—3 类扰动器（速度剖面流动扰动器）；a—直管段。

1 类、2 类、3 类扰动器的结构尺寸参见 GB/T 778.3—2007 附录 B。

第四章　水表检定装置

第一节　JJG 1113《水表检定装置》编写说明

一、任务来源

本项目是根据国家质量监督检验检疫总局“国质检量函〔2013〕101号《质检总局关于下达2013年国家计量技术法规制修订计划的通知》”，依照全国流量容量计量技术委员会关于国家计量检定规程（技术规范）制定、修订工作的通知的工作安排，JJG 1113—2015《水表检定装置》（以下简称《规程》）被列入了2011—2012年度修订计划。主要起草单位：中国计量科学研究院、浙江省计量科学研究院、北京市计量检测科学研究院，计划完成时间：2013年。

于2011年06月开始启动国家计量技术法规制修订工作，本规程是在JJG 164—2000《液体流量标准装置》的基础上，将水表检定装置部分进行单独修订，严格按照质检总局36号令《国家计量检定规程管理办法》，严格遵照JJF 1001《通用计量术语及定义》、JJF 1002《国家计量检定规程编写规则》、JJF 1059.1《测量不确定度评定与表示》等文件的要求，确保技术法规制修订项目按时保质完成。

二、修订的必要性

水表是使用量最大的计量器具之一，而水表检定装置也是使用量最大的流量标准装置之一，其检定规程的制订影响广泛。目前，JJG 164—2000《液体流量标准装置》中包含了对水表检定装置的检定，但由于该规程涵盖装置种类较多，因此，针对水表装置特点制订的检定方法及要求不是十分明确，JJG 164—2000采用了较为细致的不确定度评定方法进行装置评估，而对于水表装置，这种量大面广且准确度水平较低的装置，使用更为直接的合格评定方式更有利于基层检定员开展工作，提高工作效率。此外，JJG 164—2000制订的时间较早，一些新的技术已经应用的水表装置中，如活塞式装置，该规程没有相应的检定方法，规程有更新需求。

三、规程修订技术依据

本规程以冷水流量装置不确定度评定方法为技术依据，结合了我国水表及水表检测的行业现状，对JJG 164—2000《液体流量标准装置》中水表检定装置部分进行单独修订。规程修订过程中主要参考了以下技术文件：

（1）JJG 162—2009　冷水水表

（2）JJG 164—2000　液体流量标准装置

（3）JJG 259—2005　标准金属量器

（4）JJG 643—2003　标准表法流量标准装置

（5）GB/T 778.3—2007（idt ISO 4064：2005）封闭满管道中水流量的测量　饮用冷水水表和热水水表　第3部分：试验方法和试验设备

四、主要工作过程

2011年6月，经过前期调研与讨论，成立了规程起草组，并召开起草组会议，就规程包含的内容、主要技术指标等问题进行了讨论，对下阶段工作进行了分工。JJG 1113—2015《水表检定装置》起草组由以下单位组成：

主要起草单位：中国计量科学研究院、浙江省计量科学研究院、北京市计量检测科学研究院。

参加起草单位有：宁波明泰流量设备有限公司、湖南省计量检测研究院、杭州天马计量科技有限公司、广东省计量科学研究院。

2011 年 6 月—2012 年 9 月，起草组开展了调研、实验和起草工作，形成了规程初稿。

2012 年 9 月，针对规程初稿，起草组在山东召开了规程研讨会，与会代表以计量技术机构和水表、水表装置生产企业为主，会上较为充分的交换了意见，起草组根据提出的问题，进一步修改规程。

2012 年 9 月—2013 年 10 月，开展更有针对性的验证实验，如启停效应、水表成组实验等，完成了征求意见稿。

2013 年 10 月—2013 年 12 月，起草组分两次通过电子邮件方式向相关行业领域专家对规程进行征求意见，范围由小及大，共发出征求意见稿约 60 份；与此同时，该征求意见稿在网上公示（中国计量协会网站，意见稿和编写说明交由秘书处上传）向全国公开征求意见，并通过流量容量计量技术委员会向各个省级技术机构发送电子邮件方式征求意见。共收到约 10 个单位提出的 29 条意见和建议。

2013 年 12 月，工作组对征求意见稿的反馈意见进行研究和分析，采纳了其中的 22 条意见，并根据所提意见对规程征求意见稿进行修改，于 2013 年 12 月底形成了送审稿，报 MTC 8 全国流量容量计量技术委员会审查。

2014 年 5 月 13 日—15 日，全国流量容量计量技术委员会在河南省洛阳市召开了 JJG 1113—2015《水表检定装置》审定会，与会代表 55 人，其中委员 25 人（MTC 8 共有委员 30 人）。经技术委员会全体委员和代表充分讨论审定后，形成以下集体决议：会议审定了规程起草组提供的检定规程送审稿、编写说明、不确定度分析报告、征求意见汇总表及相关的实验数据报告，专家们一致认为起草组提供的技术资料齐全，实验数据充分，检定方法科学先进，不确定度分析全面准确，计量单位使用正确规范，规程的编写格式符合 JJF 1002—2010《国家计量检定规程编写规范》。与会委员一致认为该规程通过了审查，建议规程起草组进行修改后，形成报批稿。

2014 年 8 月，工作组根据审查意见对送审稿作了修改和完善，形成规程报批稿，报秘书处。

五、规程修订内容说明

本规程是依据 JJF 1002—2010《国家计量检定规程编写规则》进行编写，结合水表检定装置的特点及在我国的发展现状，将 JJG 164—2000《液体流量标准装置》中水表检定装置部分进行单独修订，除本规程中注明引用 JJG 164—2000 中的部分检定方法外，本规程将替代 JJG 164—2000 中水表检定装置相应内容。对于标准表法水表装置的检定应依据 JJG 643《标准表法流量标准装置》的有关规定执行。此外，本规程主要针对的是冷水水表检定装置。

本规程除编辑性修改外主要技术变化如下：

（1）规程适用范围制订主要考虑了水表装置的特点及与其他规程的关联。水表装置准确度水平相对较低，但其种类较多，除传统的容积法装置外，规程还包括了称重法装置及活塞式（流量时间法）装置；水表装置最高准确度水平 0.2 级，与液体标准表法装置水平相当，检定方法基本相同，因此，本规程未包括标准表法水表检定装置，该类装置检定应参考 JJG 643《标准表法流量标准装置》。总体来说，水表装置是液体流量标准装置的一种，因此，凡是符合 JJG 162《冷水水表》要求的水流量标准装置都可以开展水表的检定，而依据本规程检定合格的装置仅能开展水表的检定。

（2）水表装置的准确度等级。依据 JJG 162《冷水水表》对装置准确度水平的要求，检定 1 级水表装置最大允许误差应优于 0.2 级，检定 2 级水表装置最大允许误差应优于 0.4 级，但经过调研，目前在使用的水表检定装置均为 0.2 级，因此，只保留了一个准确度等级。由于水表装置准确度水平相对较低，同时为了简化检定工作，本规程没有延续 JJG 164—2000 中采用不确定度评定的方式开展检定，而是改为对装置的各主要组成进行合格评定。

（3）启停效应检定。使用启停法的装置一般多为小口径户用水表检定装置，在水表装置中量最大、使用范围最广。启停效应是否需要检定，一直以来存在一定争议，若不检定，启停效应的影响不易估计；若检定，装置检定的工作量将大幅增加，且检定仪表的选用、检定过程的人为操作影响等也不易控制。起草组通过使用机械式水表、超声水表、容积式水表进行实验，实验结果表明，如果单次启停实验的用水量能够达到“水表检定最小分格值的 200 倍” （JJG 162—2009），启停效应的影响一般小于

0.1%，对水表检定结果基本无影响，故在征求意见稿中将启停效应检定取消。

（4）水表成组检定实验。对于具备可以开展水表成组检定实验的装置，开展了有针对性的实验，检验水表安装在不同表位对其检定结果的影响，从实验结果上看，如果水表检定满足 JJG 162—2009 要求，则一般情况下，成组检定实验影响可以忽略。

（5）修改了对瞬时流量指示器的检定要求，改为对装置流量设定功能的检查。在规程早期版本中，对瞬时流量指示器检定主要是对其进行赋值（划线），而本规程考虑检定主要是进行合格评定，因此，弱化了其赋值功能，而改为检查项。同时，考虑目前水表装置种类较多，有的装置不使用瞬时流量指示器进行流量设定，检查的方法应根据实际情况制定，规程中未详细规定。

（6）增加了活塞式水表检定装置的检定方法。活塞式水表检定装置是国内最新研制的一种新型水表检定装置，其具有效率高、自动化程度高等特点，在国外的水表检定中也有使用，本规程也将其纳入。

（7）修改了衡器的检定方法，如要求"衡器检定时应包含称量容器，清零操作包含称量容器""对于检定时需移除称量容器的，应先加载与称量容器等质量的替代配重，再进行清零操作"，确保检定过程与使用条件尽量保持一致。相对水流量标准装置，水表装置的对于衡器准确度的要求较低，因此，减少了检定点及检定次数，同样，从使用角度出发，规定可以只检定加载过程。此外，还在检定周期中明确衡器在装置 2 年的周期内至少核查一次，这与电子秤 1 年的检定周期是相匹配的。

六、规程实验

1. 成组实验

目前，有大量水表实验装置可以串联多台水表同时进行实验，但不同实验台位之间是否存在差异，是否要在规程中对成组串联的一致性进行考核，针对此问题设计了如下实验。

（1）实验 1：启停质量法装置的成组实验

实验在一套 DN15 - DN50 的启停质量法装置上进行，装置的扩展不确定度为 0.2%（$k=2$）。实验采用了 3 台口径为 DN25 的机械式冷水水表串联在水表检定装置上。按流量方向对 3 个串联台位进行了编号，靠近进水端为 1 号台位，靠近出水端为 3 号台位。其中，1 号和 2 号台位满足 JJG 162—2009"前 10 倍口径后 5 倍口径"直管段的安装要求。在 3 号台位的表后临近位置，加装了 1 台 DN25 的超声波热量表作为扰动因素。3 台水表分别在 1、2、3 号台位上，如图 4 - 1 - 1 所示，对 Q_1、Q_2、Q_3 三个流量点进行实验。

图 4 - 1 - 1　启停质量法装置的成组实验

（2）实验 2：启停容积法装置的成组实验

实验选取了 6 家企业生产的不同型号规格的 12 套启停容积法水表装置，装置的准确度均为 0.2 级。使用机械式水表进行实验，将水表串联在水表检定装置上，按流量方向对串联台位进行了编号，靠近进水端为 1 号台位。在实验水表的 Q_1、Q_2、Q_3 三个流量点下，在每一个台位上进行实验，验证不同台位之间的一致性。

通过实验数据可以看出，在实验 1 中，在满足安装要求的 1 号和 2 号台位上，数据数据一致性比较好，成组串联对检测没有影响。而 3 号台位，由于在表后临近位置加装了一台超声波表，在 Q_3 流量下

3 台水表的误差都有明显变化。在实验 2 中，不同台位上相同流量下的水表示值误差的变化基本上在 0.2% ~0.3% 的范围内，可以满足水表检定的要求。

因此，考虑到在水表检定规程中已经对水表安装的要求作了详尽的规定，在本规程中不再对成组实验项目进行考核。

2. 启停效应实验

对于启停法的水表检定装置来说，由于存在启停效应的影响，对水表的检测结果会产生一定的影响。但考虑到 JJG 162—2009 已经对水表检定的最小用水量进行了规定，那么在足够长的检测时间的条件下，装置启停效应的影响是否明显，针对此问题设计了如下实验。

（1）启停实验 1

实验在一套 DN15 - DN50 的启停质量法装置上进行，装置的扩展不确定度为 0.2% （$k=2$）。实验采用了 2 台口径为 DN25 的机械式冷水水表，读数分辨率为 0.00005m^3 和 1 台超声式冷水水表，读数分辨率为 0.00001m^3。3 台表串联在水表检定装置上，并满足水表检定的安装要求。

第一次实验按照通常的水表检定方法进行，得出水表的示值相对误差 E_1。第二次实验插入 5 次启停，每次启停之间的实验用水量满足 JJG 162—2009 中对水表分辨率和最小实验用水量的要求，即第二次实验的总用水量约为第一次的 5 倍。得出水表的示值相对误差 E_2。比较两次实验的差异 $\Delta E=E_2-E_1$。

（2）启停实验 2

采用 JJG 164 中规定的方法进行。第一次实验按照通常的水表检定方法进行，为 1 次启停，得出水表的示值相对误差 E_1；第二次实验在大致与第一次实验相同的时间内，均匀地插入 4 次启停，得出水表的示值相对误差 E_2。比较两次实验的差异 $\Delta E=E_2-E_1$。

通过对实验数据的分析可以看出，在实验 1 中，在满足 JJG 162—2009 中对水表分辨率和最小实验用水量的要求的条件下，ΔE 的值大约 0.2% ~0.3% 的范围以内，在启停装置的启停效应所带来的影响并不明显。

而实验 2 中由于插入启停的间隔时间较短，启停效应的影响较实验 1 更加明显，但考虑到水表 2% 的准确度水平，启停效应影响的结果也基本可以接受，只是在个别流量下影响较大，需进一步分析。

因此，在本规程中不再对启停效应实验项目进行考核。

3. 活塞式水表装置实验

（1）活塞容积标定实验

通过操作界面选取校准功能，设定校准流量和水量，把装置的校准口接入透明塑料管把活塞推进排出的水导入标准量器或高精度电子秤内，进行容积校准。活塞有效容积为 40L，校准时把活塞分为前段、中段、后段三段分别实验。实验容积设定为各流量点检定时的用水量。

通过对实验数据的分析可以看出，活塞全量程均匀度好，容积最大误差可达到 ±0.1% 内。

（2）可靠性实验

装置可靠性包括本身活塞运行的可靠性和水表采样器功能的可靠性，会体现在以水表检定结果的一致程度上。实验选取 5 块容积式水表和 10 块旋翼式水表按 JJG 162 规定的常用流量、分界流量和最小流量三个点下进行重复的实验。

通过对实验数据的分析可以看出，对容积式水表，没有前后直管段的影响，各个流量点下的重复一致性相当好，对旋翼式水表，本身重复性不如容积式水表好，前后直管段和安装序位可能会有一些影响，各个流量点下的重复一致性总体良好。

（3）与启停法装置、动态质量法装置的比对实验

实验采用 10 块 LXSY - 15E 型液封旋翼式水表分别在启停法装置、动态质量法装置和流量时间法装置上进行实验。

数据结果虽然未对水表检定结论造成影响，但差异值较多、偏大且显得没有规律。比对的三种装置在标准器、检定方法均不同，串联水表连接段长度也有差异，引入的不确定来源肯定有不同；旋翼式水表会受前后直管段和安装序位可能会有一些影响，水源压力、启停效应法引入等带来的不确定度尚没有进行有效的实验来确定。这样的比对实验和分析需要进一步深入。

七、重大分歧意见的处理经过和依据

无。

八、宣贯的要求和措施建议（包括组织措施、技术措施、过渡办法、实施日期）

建议本规程（规范）批准发布6个月后实施。

九、废止现行相关规程、规范的建议

本规程实施时，代替JJG 164—2000《液体流量标准装置》中“水表检定装置”部分。

十、其他应予说明的事项

无。

第二节　JJG 1113—2015《水表检定装置》解读

1　范围

本规程适用于收集法和流量时间法的水表检定装置（以下简称装置）的首次检定、后续检定和使用中检查。

解读：明确规定了本规程的适用范围。使用本规程时需要注意首次检定、后续检定和使用中检查的项目不同。

水表检定装置是专门用于水表示值误差检定的流量标准装置。引言中提及，水表检定装置分为收集法、流量时间法及标准表法三种原理结构，本规程只适应用收集法和流量时间法原理的装置。

本规程未将标准表法装置列入的原因是考虑到JJG 643《标准表法流量标准装置》完全能够适用。

2　引用文件

本规程引用下列文件：

JJG 162　冷水水表

JJG 164　液体流量标准装置

JJG 259　标准金属量器

JJG 643　标准表法流量标准装置

GB/T 778.3—2007（idt ISO 4064：2005）封闭满管道中水流量的测量　饮用冷水水表和热水水表　第3部分：试验方法和试验设备

凡是注日期的引用文件，仅注日期的版本适用于本规程；凡是不注日期的引用文件，其最新版本（包括所有的修改单）适用于本规程。

解读：上述文件在本规程中不同程度地被引用。这些引用文件与水表装置的结构原理和检定方法有关，规程使用人员应该熟悉上述文件，与本规程结合使用能够更加准确地理解规程相应的条文要义。

3　术语

解读：本规程仅对必要的术语进行了定义和解释说明，未特别说明的术语及其定义还应参考其他文件，如JJF 1001《通用计量术语及定义》、JJF 1004《流量计量名词术语及定义》等。

3.1　收集法　collection method

在检定过程中将流经水表的水收集在一个或多个容器中，用容量法或称重法确定水量。

解读：收集法装置是最常见的水表检定装置，结构简单、原理直观。用容量法确定水量的装置通常称为容积法水表检定装置，用称重法确定水量的装置通常称为质量法水表检定装置。

收集法装置的标准示值可以用两种方法确定，一是静态法，另一是动态法。所谓静态法是指标准装置的示值在其静止且稳定状态下读取，对于容积法，此时称之为静态容积法，对于质量法，称之为静态质量法。所谓动态法，是指标准装置的示值在其动态变化状态下读取，对于容积法，此时称之为动态容积法，对于质量法，称之为动态质量法。动态法装置通常采用流量时间法（见3.2）的测量方法。

根据操作方法的不同，收集法装置又分为启停法和换向器法。

启停法采用阀门启闭的方式来产生或停止流量，主要用于管道口径较小、流量也较小的水表检定装置中。

换向器法采用不改变流量大小，而通过流量切换装置（称之为换向器）来改变水流的方法，主要用于管道口径较大、流量也较大的水表检定装置中。

装置采用启停法或者换向器法主要考虑两个因素，一是水表的读数方法，如果采用静止状态下的读数方法（见JJG 162—2009中7.3.3.3），则采用启停法，如果是采用水表在动态条件下的读数方法（见JJG 162—2009中7.3.3.3），则采用换向器法；二是考虑关闭水流时所产生的水锤效应是否能够被装置或被检对象所承受。当管道内的水流被关闭时，动量转换成冲量，动能转换成压力能，增大了管道压力。阀门关闭的时间越短，管道压力增大得越快，严重时会产生2倍的管道压力。瞬间增大的压力会像锤子一样冲击管道，具有很强的破坏力，故称之为水锤效应。流量越大、时间越短，水锤效应越严重，故大口径和大流量的装置通常会采用换向器法，以避免水锤效应。

3.2　流量时间法　flowrate and time method

在检定过程中流经水表的水量通过流量和时间的测量结果来确定。可以通过在规定的时间内进行一次或多次流量的重复测量来实现，但要避免在试验开始和结束时的非恒定流量区进行瞬时流量测量。

解读：流量时间法原理的装置应用于水表检定是近几年才发展起来。采用流量时间法的装置既可以是将装置的水排向水表，也可以收集来自水表的水。通常动态容积法或动态质量法的装置均符合流量时间原理。常见的流量时间法装置是活塞式水表检定装置（见本规程附录A），活塞主动将水排出，流向水表，将活塞排出的水量作为标准体积，与水表所记录的水量相比较，确定水表的示值误差。由于活塞以恒定流量工作，排出的水量是时间的积分，故称之为流量时间法。

3.3　量器定值机构　volume preset device

安装在量器内的光电或电触点等感应水位的传感器，量器中的水位上升到预设位置时，发出反馈信号到装置操作系统以停止装置介质的流动，实现自动操作和标准体积值的确定。

解读：量器的定值机构是安装在静态容积法水表检定装置上的一种辅助机构，通常安装在工作量器的计量颈液位管上，是为实现自动操作而设置的信号反馈传感器。需要注意的是它所设定的位置不能直接作为体积的定值依据，从信号反馈响应到切断水流需要一系列的电气和机械动作过程，故不一定能将液位准确控制在预定位置，量器的示值仍然需要人工予以准确判断。

4　概述

4.1　用途

装置是对封闭管道用水表进行流量量值传递的标准，可用于各种类型的冷水水表的检定、校准和测试方法研究。

解读：本条明确了装置适用于冷水水表检定。温度不超过30℃的水定义为冷水，因与环境温度之间的温差通常不大，故一般可以不考虑水的热胀冷缩因素。

本规程既是评价水表检定装置性能的技术文件，同时也是装置设计的重要参考文献。

4.2　组成

装置一般包括下列组成部分：

（1）供水系统（水池、水泵、稳压系统等）；

（2）管道系统（工艺管道、测量段、夹表器等）；

（3）瞬时流量指示器；

（4）换向（或启停）机构；

（5）换向信号同步及自动读数、计时仪表（如有必要）；

（6）主标准器（工作量器、衡器、活塞等）；

（7）密度测量部分（如有必要）；

（8）水温测量仪表；

（9）水压测量仪表。

为实现自动试验的功能，装置可配置水表读数传感器、量器定值机构或液位传感器、水表刻度盘摄像系统等设备。

根据需要装置可一体化配置水表的其他性能检验设备，如压力损失测试设备、静压力测试设备等。

解读：构建装置的核心方法是模拟水表理想的工作条件，并与计量系统相连接。

装置的每一个部件及其结构都对装置性能产生影响，需要系统地去关注。

4.3　工作原理

装置产生的流量流过安装于装置管路系统内的被检水表，装置测量一段时间内流量的标准值，基于连续性方程，比较该时间段被检水表示值与标准值以确定水表的误差。以收集法装置为例，装置如图1所示，将被检水表4安装到装置的测量段管道上，启动控制系统，水泵11将水泵送至管路，使水流经被检水表4和工作量器7，同时读取被检水表4和工作量器7的示值，将被检水表的示值与装置的标准值相比较，从而确定被检水表的示值误差。收集法装置一般包括以下几种类型：启停容积法、静态容积法、启停质量法及静态质量法。

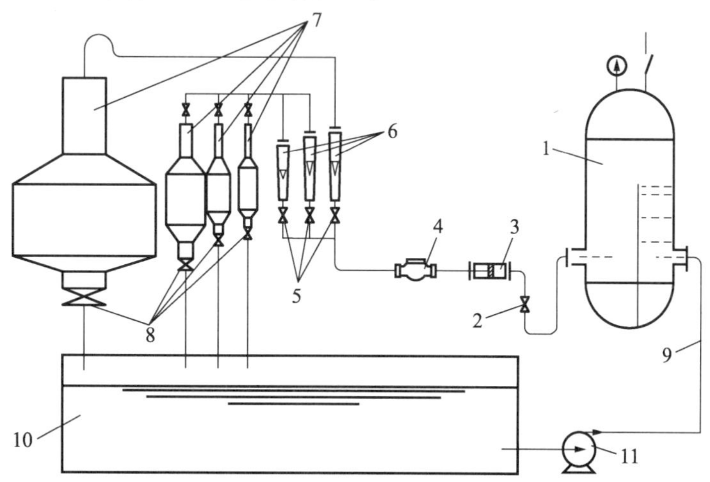

图1　启停容积法装置示意图

1—稳压容器；2—进水阀门；3—夹表器；4—水表；5—流量调节阀；
6—瞬时流量指示器；7—工作量器；8—放水阀门；9—管路系统；10—水箱；11—水泵

解读：在流量计量中有两个重要的基本方程，即基于质量守恒定律的流体流动连续方程和基于能量守恒的伯努利方程。连续性方程是装置设计和水表检定的理论依据，即要保证流过水表的水全部流过计量标准器。因此在水表与计量标准器之间应该保证没有泄漏和分支管路，并且要保证流体是单相的，即水中应无空气，或者空气的体积比例可以忽略不计。为此，装置设计还应设计成能够将管路系统中的空气顺畅地排出，不应有空气积存点，或者容易形成气穴的结构。实践表明，尽量减少不必备的弯头，避免管路连接处的突变是非常有用的。

与水表有关的一些技术文件中提及，在任一流量条件下，保证水表前后的工作压力不低于0.03MPa被证明是非常重要的，这有利于保证流场的稳定性，也能减少管道系统的空化效应。

这些要求被证明是非常重要的，也给装置的设计带来一些困难。无论如何，使用人员都必须关注这些要求，并通过各种措施予以控制。

5　计量性能要求

5.1　准确度等级和最大允许误差

5.1.1　装置的准确度等级为0.2级。

5.1.2　装置主标准器累积体积流量的最大允许误差为±0.1%。

5.1.3　对于流量时间法装置及其他时间参数需要参与水表检定结果计算的装置，其计时器的误差不超过±0.05%。

解读：计量性能是水表检定装置最重要的技术指标，是决定其是否能够作为量值传递的关键性指标。流量是动态量值，标准装置与被检对象之间的不确定度或最大允许误差通常应满足1/3的关系。

将装置的准确度等级定为0.2级是考虑了水表检定装置计量性能的历史情况，0.2级既是习惯的用法，也是现有技术水平完全能够达到的。根据JJG 162和GB/T 778对水表检定装置的要求，其不确定度应不大于水表最大允许误差的1/5。水表的准确度等级分为1级和2级，1级水表的最大允许误差为±1%，检定时按不超过水表最大允许误差绝对值的1/5计算，装置的不确定度应优于0.2%。

装置主标准器累积体积流量的最大允许误差规定为±0.1%，是考虑了人员操作、质量和体积的换算、环境影响、被检水表的特性以及检定操作方法等带来的附加不确定度影响，故应优于装置整体的不确定度水平。

流量时间法装置和某些带换向器的收集法装置，时间参数参与到标准器示值的计算，此时时间的测量也会给装置带入不确定度。已有的时间测量不确定度水平已经很高了，时间自身的测量不确定度能够达到10^{-5}以上水平，往往可以忽略不计。但是应用在流量装置上时，还跟时间测量的方法有关。实践表明，用计算机软件计时，采用通讯的方法读取时间，或者采用定时控制的方法等可能会给时间测量带来无法接受的不确定度，应予以避免。而采用脉冲同步信号触发硬件计时被证明是最有效的，所带来的不确定度影响能够达到忽略不计。

本规程中将计时器的误差规定为不超过±0.05%，在水表检定装置的应用中已经足够了。当计时引入的不确定度小于装置总不确定度的1/3时，就达到了可以忽略的水平。

5.2　装置主标准器的重复性

装置主标准器的重复性应优于主标准器的最大允许误差绝对值的1/3。

解读：重复性指标是计量器具（包括计量标准器具）重要的指标之一，与计量标准的复现性和稳定性密切相关。

当装置主标准器的重复性优于其最大允许误差绝对值的1/3时，根据不确定度传播率可知，重复性引入的不确定度分量对装置总不确定度贡献就可以忽略不计。

经验表明，当主标准器的重复性指标不良时，往往能发现主标准器的制造、选型、安装或工作等方面存在的问题。比如，容积法装置工作量器的重复性不良时，往往存在结构或加工艺等方面的缺陷，如内壁不够光洁、排水阀流通不畅、桶体的均匀度不良、材料壁厚过薄导致桶刚度不够、锥形体锥度偏大等原因均会导致容积的重复性或复现性偏差；质量法装置的衡器（称重系统）重复性不良时，往往存在选型和安装等方面的缺陷，如测量分辨率和检定分度值不够、安装基础不稳固、有明显振动、称台或称重传感器有卡滞、偏载等；活塞装置的重复性不良时，往往存在加工、结构或机械安装等方面的缺陷，如活塞缸或活塞体加工不均匀、传动机构同轴度不够、有机械卡滞、排气不良等。

5.3 换向器引入的不确定度

对于使用换向器的装置，由换向器引入的标准不确定度应小于0.05%。

解读：换向器应用于静态容积法或静态质量法装置中，对装置性能的影响非常大。好的换向器应该具有良好的换向对称性，换向时几乎不对管道流场产生影响。开式换向器的特性要明显先于闭式换向器，应优先采用。

当换向器引入的标准不确定度达到了0.05%时，对装置总不确定度的贡献已经非常大了。主标准器的最大允许误差按±0.1%考虑，引入的标准不确定度为0.058%。显然换向器与主标准器引入的不确定度是装置总不确定度的主要分量，估算二者合成标准不确定度已达0.077%，故避免换向器引入的不确定度过大是有必要的。

换向器的对称性主要体现在两个方面，一是水力分布的对称性，即喷嘴出口流场分布的对称性；二是左右换向的对称性，包括机械行程和时间行程。控制好换向器的对称性是降低换向器引入不确定度最有效的措施。

5.4 装置流量稳定性

收集法装置流量稳定性应不大于1.0%；流量时间法装置流量稳定性应不大于0.2%。

解读：确保装置具有良好的流量稳定性很重要，这也是共识。然而确定装置稳定性的技术指标到底多少合适是一件非常困难的事，不同的被检对象和检定方法，要求也不同。速度式水表对流量稳定性相对比较敏感，而容积式水表则相对不敏感。检定流量比较大时，水表对流量稳定性不敏感，小流量时则比较敏感。

GB/T 778.3—2007的5.7.2针对收集法装置提到，每次试验期间流量的相对变化（不包括启动和停止），$Q_1 \sim Q_2$（不包括Q_2）应不超过±2.5%，Q_2（包括Q_2）$\sim Q_4$应不超过±5.0%。本规程在此基础上以小流量区域的指标为参照，将收集法装置的流量稳定性规定为不大于1.0%。

流量时间法装置由于标准累积流量示值的获得与收集法显著不同，是根据瞬时流量按时间的积分来获得，稳定性与标准示值密切关联，故尤为重要，将指标定为不大于0.2%。

流量稳定性实质是供水压力稳定性，也往往与流量脉动相关联。流量稳定性的影响因素主要来源是供水系统和管道系统。供水系统中水泵运行的稳定性是最主要的因素，泵自身的性能越好，对流量稳定性越有利，比如泵的叶轮有良好的动平衡特性，旋转跳动小，供电电压稳定等都是有利因素；水泵输出的流量或多或少存在脉动，而采用容积足够大的稳压容器来消除部分脉动效应也是非常必要的，有利提高流量稳定性。GB/T 778.3—2007的5.7.1提到了采用高位恒水头水槽（溢流水塔）供水方法能够获得理想的流量稳定性，特别是在以小于等于$0.10Q_3$的试验流量测试额定$Q_3 \leq 16\text{m}^3/\text{h}$的水表时，推荐采用高位恒水头水槽供水。管道系统中的扰流件是影响流量稳定性的另一个重要因素，水流过扰流件时容易产生卡门涡街现象或射流现象，形成规则或不规则的漩涡或振荡，显著影响流量稳定性，因此减少扰流件特别是防止管道内存在可动的扰流件是非常重要的。

6 通用技术要求

解读：通用技术要求规定了除了计量性能要求以外的与装置性能密切其他方面的要求。

6.1 铭牌和标识

装置应有铭牌。一般应注明如下信息：

（1）制造厂名称；

（2）产品名称及型号、规格；

（3）出厂编号；

（4）制造日期；

（5）公称通径范围；

(6) 最大工作压力;
(7) 流量范围;
(8) 准确度等级。

解读:铭牌和标识是装置身份识别和主要技术指标的简述，有利于使用者通过这些简要信息的了解来掌握装置的基本特性。

6.2 管道系统

解读:管道系统除了对装置稳定性有直接影响外，在使用过程中还会对被检对象的检定结果产生影响。

6.2.1 安装水表的测量段应配有与被检水表内径一致的上、下游连接管，且连接轴线也应一致。

解读:控制被检对象上下游直管（测量）段的要求，目的是使被检对象工作在比较理想的流场条件下，防止因管道不匹配而产生流场畸变，这方面的知识在流量计量相关书籍中有了明确有阐述。

6.2.2 测量段中应不包括任何引起空化或流体扰动的管件或设备。

解读:空化效应是指水中被压缩的空气团由于压力发生变化而突然爆裂，会释放很强的能量，有一定的破坏力。防止空化一方面要尽量减少供水系统中的空气含量，另一方面要在装置设计时尽量避免管道截面的突变，防止发生压力突变，另外也要尽可能避免存在容易形成气穴的结构。

关于流体扰动的管件和设备对装置产生的影响详见装置流量稳定性的解读。

6.2.3 流量调节阀应安装在装置测量段的下游管段之后，阀门开度设定后，实验中开度应无明显变化。

解读:流量调节阀通常应安装在装置测量段的下游管段之后，这项规定对启停法装置尤为重要，其主要目的是使得水表在任何流量下都能够产生一定的背压，有利于改善流量稳定性和减少空化的产生。

阀门开度设定后，试验中开度应无明显变化，目的是保证试验在选定的恒定流量下进行。一些能够自动调流量的装置尤其应注意，当实际流量在偏离目标流量的合理范围内时，应锁定自动调节装置，避免因流量反馈信号的扰动而频繁调节流量，从而破坏了流量稳定性。

需要注意的是，使用了一定年限的旧阀门以及性能和结构不良的阀门，可能会存在阀芯与密封面之间的预紧力不足问题，在流量的冲击下也会改变阀门开度，影响流量稳定性。采用好的阀门，及时维修旧阀门对保证装置性能是非常重要的。

6.2.4 夹表装置应动作灵活，夹表的力度应适中，既保证试验时的测量段的密封性，也不致使水表（特别是塑壳水表）明显变形。

解读:夹表装置通常采用液压或气压，夹紧力适度是非常有必要的，过小的夹紧力会产生连接端面渗漏，而过大的夹紧力则会导致被检水表变形，从而改变了水表的计量特性，严重时会产生破坏作用。必要时夹紧装置的气源或水源应加装调压装置（减压阀），以根据需要调整夹紧力。

6.2.5 对于启停法装置，其管路设计应能保持实验前后出水管水面处于同一水平状态。

解读:启停法装置流向收集容器的管道出口是直接通大气的，出水口应有局部的高点，该高点也是装置本身的最高点，通常采用“鹅颈”或“三角”结构，目的是在此高点形成水与外部空气的隔离，避免发生非满管流，有利于保持实验前后出水管水面处于同一水平状态，减少由此带来的随机误差。

6.2.6　装置的承压部件应有足够的耐压强度，在工作压力范围内不产生刚性变形，弹性变形引起的内容积变化应能忽略不计。

解读：一些装置出于节约制造成本考虑，承受压力的管道、稳压容器、工作量器等材料壁厚不足，使用中发生刚性或弹性变形，影响了装置的性能和水表的测量结果。弹性变形对装置计量性能的影响往往容易疏忽，薄壁材料的弹性变形引起的内容积显著变化破坏了连续性方程，往往会引入不可忽略的系统性误差。

6.3　工作量器

解读：工作量器是容积法装置的主标准器，是装置整个计量系统的核心部件。

6.3.1　工作量器的主体材料应用不锈钢或经镀层的碳素钢制造，外壁应平整、光滑，内壁应经抛光处理。

解读：工作量器应防止锈蚀，尤其是内壁，保证一定的光洁有利于排水通畅，减少挂壁残留，有助于保证测量重复性和稳定性，参见5.2的解读。

6.3.2　工作量器应具有足够刚性，在最大负载下，应不发生明显变形，壁厚应满足JJG 259《标准金属量器》中的要求，其支撑台架应无明显变形。

解读：工作量器有足够刚性有利于容积稳定。如果量器材料的壁厚偏小，容易产生弹性变形和应力变形，导致系统性的容积误差。JJG 259《标准金属量器》规定了不同容积量器的材料和壁厚要求，装置制造时应遵循相关规定。

6.3.3　工作量器应垂直安装在牢固的基座上，安装时工作量器下面应留有一定空间，以便观察排水阀的密封性。量器或台架上有水平泡的，应按装置说明书控制在水平状态。

解读：工作量器是按照规则形状来设计的，安装时要求与地面保持竖直，基座牢固，确保理论上任一水平截面均为圆形。工作量器初次标定后，对其容积进行了赋值，在使用过程中应始终保证安装牢固，与初始状态保持一致。使用中如果发生倾斜，其内容积就发生了变化，任一水平截面由圆形变成了椭圆形，计量量颈分度容积值也发生了变化，从而引起显著的系统误差。

工作量器在使用过程中应保证密封良好。由于排水阀频繁启闭，密封圈会磨损，或者有杂质卡住排水阀密封面，导致发生渗漏，良好的安装空间便于使用人员经常观察，及时发现，并便于维修操作。

在工作量器上安装水平泡是确认工作量器安装是否符合要求的重要参照，也有助于使用人员观察量器是否发生了不可接受的倾斜，从而及时采取措施，以保证量器的量值准确可靠。

6.3.4　工作量器的主示值一般按装置适用水表规格的需求定位整数值的体积，如10L、20L、50L、100L、500L、1000L等。工作量器可以采用隔板式或葫芦式以增多每个量器的主示值数量。主示值的最小值设计应满足JJG 162《冷水水表》中水表检定的最小用水量要求。

解读：JJG 162规定，启停法检定水表的最小用水量为检定分度值的200倍，绝大多数水表的检定分度值为0.05L，则最小用水量为10L。采用整数值的体积主示值读数方便，易于使用，且也方便容积检定，因为用于容积检定的标准金属量器也是按照1、2、5的数序设计标准容积。

量器采用隔板式或葫芦式结构，有利于提高空间利用率，增加量器的组合，方便使用。

6.3.5　标称容量的液位刻度应位于计量颈的中部。工作量器计量颈标尺的长度应按照使用要求确定，通常建议计量颈的标尺范围应至少为量器主示值的±3%，如果量器用于检定水表分界流量或最小流量下示值误差的，则该标尺范围应至少为量器主示值的±6%。

解读：此项规定既考虑了工作量器的美观性，也考虑了实用性。2级水表的最大允许误差高区为±2%，低区为±5%，故将工作量器计量颈分别规定为±3%和±6%，从方便使用的角度，不仅要考虑需要检定合格的水表，也要考虑适合检定可能不合格的水表。

6.3.6 在计量颈读数区域应装有一个液位管；液位管应采用无色透明硬质玻璃制造，管内径一般应在8mm～16mm之间且均匀一致，管表面应无妨碍观测液面的缺陷。

解读：计量颈读数液位管采用无色透明硬质玻璃的原因是硬质玻璃膨胀系数小，不容易变形和变色。玻璃管与量器之间是连通器结构，用玻璃管的读数来指示量器的读数。玻璃管的内径既不能过小，也不能过大。内径过小，流通能力不足，量器内部和玻璃管之间产生较大的液位差，容易导致判断失误，甚至发生误操作；玻璃管内径过大，凹液面不明显，容易导致读困难，不同的人会因读数习惯不同而导致较差的复现性。

6.3.7 计量颈标尺应平直，刻线清晰，采用容积值刻度的标尺最小分格值一般不大于主示值的0.1%。

解读：一般估读误差是最小分格值的1/2，考虑均匀分布，读数引入的标准不确定度为0.029%，在总不确定度合成中的权重相对较小，不至于导致总扩展不确定度超过0.2%。

6.4 称重系统

解读：称重系统是质量法装置的主标准器，是装置整个计量系统的核心部件。

6.4.1 衡器应有足够的测量分辨力。在其使用量程范围内，其分辨力应不大于称量值的0.05%。

解读：为保证称重结果的不确定度在允许范围内，衡器在其整个测量范围内需要确定其最小称量值。通常衡器的最大允许误差采用绝对误差来表示，即表示为测量分辨力（检定分度值）的倍数。当用相对误差来表示时，最大示值误差往往出现在其测量下限，再结合分辨力引入的不确定度，显然测量下限是整个测量范围内不确定度值最大的，因此衡器必须选择适当的测量分辨力。当分辨力不大于称量值的0.05%时，分辨力引入的标准不确定度分量约为0.029%，在总不确定度合成中的权重相对较小，不至于导致总扩展不确定度超过0.2%。

6.4.2 衡器的基础应牢固并有良好的抗振性能。在衡器的最大称量状态下，应不发生明显变形；在装置运行且称重容器非进水状态下，衡器示值应稳定。

解读：衡器的工作原理决定了其必须安装在水平度良好的基础上，且没有显著的振动，以避免振动对称重系统带来测量误差。基础应该长期保持可靠，避免倾斜、变形导致衡器失去水平，产生系统误差。

如果称重容器在静止状态下的示值不稳定，意味着称重系统的测量处于不可靠状态，此时应查找并排除导致示值不稳的原因。导致示值不稳定的主要原因有：基础不稳定产生晃动、衡器承受显著的振动、周围空气存在强对流对称重容器产生晃动、称重系统故障。

6.4.3 称重容器应在衡器台面上居中放置，其本体重量加上最大检定用水量的重量应不超过衡器的最大称量值（预置皮重后）；容器支架位置应不影响衡器示值误差检定或使用中检查时放置砝码。

解读：衡器在使用中应尽量避免偏载产生的系统误差，因此称重容器的重心应尽可能落在衡器台面的中心，且称重容器的支撑脚应尽可能设计成承受均匀负载，由此才能最大程度地减少偏载影响。

衡器应按照其最大负载能力进行使用，即应考虑称重容器和最大检定用水量之和。一般衡器的最大过载量为标称最大称量值的120%，这也是衡器选型的重要依据。一般来说，在可能的情况下，称重容器及其附件（如排水阀和连接管道）的总重量应尽可能小，以提高实际可用的最大称量。

称重容器的结构设计应尽可能考虑后续的检定、维护和核查等需要，方便检定用砝码放置。特别是大称量衡器，砝码的运输、吊装、加减载都必须依赖工具来完成，此时衡器所处的位置应留有足够的通道和空间，方便砝码加载和减载操作，并且还应考虑不发生偏载的情况。有条件的情况下，大称量衡器还可以考虑设计砝码的自动加载系统，以方便检定和核查。

> 6.4.4　称重容器的连接管路、气动管路和电缆等不应对称重结果产生附加影响。

解读：需要注意的是小称重容器的附件重量可能超过容器本身的重量，此时应合理设计称重容器及其连接管路的结构，以避免重心偏心而导致衡器偏载的情况发生。控制排水阀的气动管道以及控制电缆线需要与称重容器连接的，应使其保留恰当的长度和适当的连接、固定方式，避免过紧或过松产生的拉力影响称重结果，一般以自由状态为佳。

> 6.4.5　质量法装置应能正确获取装置实验状态下的实验介质密度值，其误差应不超过 ±0.05%，相关计量仪表应具有有效的检定或校准证书。

解读：介质密度的获取通常有两种方法，一是采用密度计测量法，二是采用测温查表法，即通过测量水的温度查密度表得到密度。密度计法测量准确度高，但是使用不方便，而测温查表法操作简单，但是取决于测温仪表的准确度，以及使用地的水与纯水密度的差异程度。对于水表检定来说，只要保证水的清洁程度接近自来水，测温查表法的准确度是足够的。如果该地区的水质比较硬，也可以采用密度计先行密度标定，确定修正值后再配合测温查表法，这样就兼顾了效率和测量结果可靠性。

> 6.5　换向（或实验启停）设备
>
> 6.5.1　换向器（含换向阀）工作时应保证不溅水，无分流现象，在最大流量下换向时所产生的压力波动对流量的影响应是定值。

解读：有关换向器的重要性在5.3的解读中已经有了比较详细的说明，换向器不溅水、不分流是流量符合连续性方程的必要保证，即流过被检水表的水全部流进收集容器。闭式换向器的结构和工作原理决定了其在换向时会导致管道压力显著波动，且流量越大，压力波动越显著；一些摆喷嘴的开式换向器，也会对压力波动产生一定的影响；固定喷嘴而移动或摆动分水器的开式换向器对压力波动影响较小，几乎可忽略不计。可以通过在最大流量下的重复性试验来确定换向时所产生的压力波动对流量的影响结果，如果有很好的测量重复性和复现性，说明这种影响是一个定值，反之，则应查找原因。这个原因通常是由于换向器内积有状态不一的空气，导致每次换向时对流量产生不同的影响。出现这种情况，应检查换向器的结构和工作原理，以及与管道的连接。

> 6.5.2　启停法装置在装置最大流量下关断流量时，水锤现象不应对测量产生明显影响。

解读：关于水锤效应的影响，详见3.1的解读。

> 6.6　流量设定设备或方法
>
> 装置应有流量指示设备或瞬时流量的设定方法，相关仪器设备应是可溯源的。
>
> 收集法装置中，管道系统中一般应安装瞬时流量指示器，相对示值误差一般不超过 ±2.5%。

解读：JJG 162 和 GB/T 778.3 对水表的检定流量点及其允许的偏离范围，以及检定试验期间每个流量点所允许的流量变化已作了明确规定，流量变化在高区的允许值为 ±2.5%，低区的允许值为 ±5%，这些检定流量点需要有流量指示设备进行指示，并且能够直观地观察偏离了多少，检定试验期间是否发生流量变化，流量变化是否超过了允许值。对于收集法装置，根据流量变化的允许值，将瞬时流量指示器相对示值误差控制在 ±2.5% 是合适的，而流量时间法装置本身已经有流量指示，且流量指示的准确度通过优于 ±0.2% 。

6.7　密封性

6.7.1　在工作压力下，装置管路系统（自水泵出口至主标准器前管道出口部分）的各个部件及其连接处不应有泄漏现象。

6.7.2　收集法装置的量器或容器应在最大负荷下，液位管连接处、底阀应无渗漏。

6.7.3　流量时间法装置，如采用步进电机与活塞，则在最大试验压力和流量下，活塞系统应无渗漏。

解读：保证装置良好的密封性是确保装置满足连续性方程的重要前提，也是保持装置良好工作的需要。

6.8　自动读数设备

解读：自动读数设备通常是提高装置工作效率或者实现装置自动化检定的需要。

6.8.1　液位自动读数设备

对于配备量器定值机构或标尺上安装移动摄像头读取液位的收集法装置，应工作正常，且在检定工作量器时，应使用装置上所配备的量器定值机构或摄像头。

解读：液位自动读数设备是安装在容积法装置上的辅助设备，以代替人工读取装置的容积示值。自动读数设备的形式可以很多，摄像读数直观，读数可靠性好，应用也最广泛。定值机构只有在重复性和复现性非常好的情况下才可以使用，使用前必须经过标定和验证，而且在使用过程中应随时注意定值与实际液位值之间的差异，以及时发现机械和电气控制装置的性能发生变化而导致定值与实际液位之间产生不可忽略的误差。

6.8.2　水表自动读数设备

对于配备色差传感器、光电传感器、摄像静态读数、摄像比对等设备，能够自动读取水表的指针或字轮读数的装置，水表读数应准确、可靠。

解读：近年来，装置的制造厂家围绕机械水表的自动读数开发了多种自动读数设备，这些设备与不同的装置形式和检定方法相结合，各有优缺点。有的自动读数装置不参与装置的测量或控制，故并不直接影响装置自身的不确定度，有的可能参与了装置的测量和控制，对装置的不确定度产生影响，这些区别需要在具体装置中予以甄别。对于使用者，需要熟练使用这些自动读数装置，并且在使用前和使用中进行必要的核查和比对，比如与人工读数的方法进行比较，或者在不同方法的装置之间进行比对。

6.9　装置用水及供水系统

装置所用水质应清洁。如果水是循环使用的，则应经过过滤并防止含有危害人体、损坏水表或影响水表工作的有害物质。稳压容器、水塔和水池要便于清洗。

解读：JJG 162 和 GB/T 778.3 对检定用水洁净度有明确的要求，GB/T 778.3 要求水质达到饮用自来水的标准，对于循环水，还应设法防止水表中的残留水危害人体健康。这些要求需要通过良好的管理去实施，以保证水质始终保持规定条件。洁净的水不容易污染装置，能够使装置的性能在较长的时间内保持稳定。相反，水中存在污垢、沙粒等杂质容易破坏装置的密封性能，并在管道、容器等处堆积，从而影响装置的准确度。

另外，良好的水质还能够保证水的黏度不发生显著变化，以防止空气过度溶解在水中。

7　计量器具控制

计量器具控制包括首次检定、后续检定和使用中检查。

解读：本章规定了对水表检定装置首次检定、后续检定和使用中检查适用的项目、环境条件、计量标准器的配置及检定实施方法。

7.1　检定条件

7.1.1　检定设备

7.1.1.1　检定用标准量器

检定用标准量器的扩展不确定度应不大于工作量器最大允许误差绝对值的1/3。

检定用标准量器的量限一般应不小于被检工作量器容积的1/5。

标准量器组的容积与被检工作量器的计量颈分度值检定需要配套，准确度优于或等于二等。

7.1.1.2　检定衡器使用的标准砝码的扩展不确定度应不大于被检衡器最大允许误差绝对值的1/3。

解读：本条规定了检定水表检定装置所需的计量标准主标准器的选择原则，主标准器的扩展不确定度与被检对象最大允许误差绝对值保持1/3的关系满足量值传递要求。根据不确定度传播率，至少满足1/3关系，才能使主标准器对测量结果所引入的不确定度达到忽略不计水平。

对于容积法装置，采用容积法进行量值传递，主标准器为标准金属量器。工作量器的最大允许误差为±0.1%，其绝对值的1/3为0.033%。根据JJG 259的相关规定，宜选用容积不确定度为0.025%的二等标准金属量器为主标准器，且主标准器的量限与被检装置工作量器的量限应保持1/5的关系。例如最大容积的二等标准金属量器为1000L，则适用于工作量器不大于5000L的被检装置。

质量法装置采用质量法来进行量值传递，主标准器为标准砝码。衡器的最大允许误差为±0.1%，其绝对值的1/3为0.033%。将该值换算到衡器的最小称量值条件下，计算出对应标准砝码的扩展不确定度。通常大称量的衡器需要采用M_1等级砝码，小称量的衡器需要采用F_1等级砝码。

参考JJG 539《数字指示秤》对标准砝码量限的要求，当被检衡器的测量重复性很好时，标准砝码的量限可以是被检衡器最大称量的20%。按通常意义理解，水表检定装置作为计量标准使用，所配备衡器理应具有良好的测量重复性。

7.1.2　环境条件一般要求

环境温度：(10～30)℃；

大气相对湿度：(15～85)%；

大气压力：(86～106)kPa。

解读：该条件相当于JJG 259《标准金属量器》中规定的二等标准金属量器检定三等标准金属量器的工作条件，在该条件下只要保持水温和环境温度之间的差不超过±5℃，检定结果可以不进行修正。

JJG 555《非自动衡器》中规定衡器的检定条件为稳定的常温条件，对于装置来说，该条件能完全满足。

7.2　检定项目

首次检定、后续检定和使用中检查的项目分别列于表1中。

表1　检定项目一览表

检定项目	首次检定	后续检定	使用中检查
外观、结构和功能检查	+	+	+
附属设备及随机文件检查	+	+	+

续表

检定项目		首次检定	后续检定	使用中检查
工作量器壁厚检验		+	-	-
密封性检查		+	+	+
主标准器累积流量误差检定	工作量器	+	+	-
	衡器	+	+	+
	活塞系统	+	+	-
主标准器重复性		+	+	-
换向器检定		+	+	-
流量稳定性检定		+	+	+
注：“+”表示应检项目；“-”表示可不检项目。				

解读：不同检定性质对应的检定项目是根据装置结构原理结合检定目的进行确定的，原则上首次检定应进行相对全面评价，所有项目均应进行检定，而后续检定则可以忽略不容易发生变化的项目，使用中检查则主要针对容易发生变化的项目。

7.3　检定方法

7.3.1　外观、结构和功能检查

用目测的方法检查装置，其结果应符合本规程6.1～6.5及6.9的要求。

解读：外观、结构和功能检查是检定工作的第一个步骤，检定员通过观察，搞清楚装置的结构、技术参数、指标和操作运行流程，并在原始记录中予以记载。期间应对照规程4.2重点核对装置各组成部分关键部件的参数和指标，核实是否与装置整体技术指标相匹配，并通过装置运行对照规程的各自条款来确认各项功能是否与所标称的功能相符，是否能够达到装置所标称的流量能力，装置的主标准器是否稳固，排水是否顺畅等。

7.3.2　附属设备及随机文件检查

7.3.2.1　流量设定设备或方法检查。检查用于流量设定相关计量仪表的证书或现场对流量设定效果进行测试，检查结果应满足6.6的要求。

7.3.2.2　对于流量时间法装置及其他时间参数需要参与水表检定结果计算的装置，计时器应具有检定（或校准）证书，且在有效期内，其误差应满足5.1.3的要求。

7.3.2.3　密度测量检查

适用于质量法装置。使用密度计的装置，密度计应具有检定（或校准）证书，且在有效期内，其误差应满足6.4.5的要求；采用查询水密度表方法的装置，用于水温测量的温度计最大允许误差应优于±0.2℃。

7.3.2.4　水表自动读数设备检查。在装置上安装好水表，现场对自动读数功能进行检查，应满足6.8.2要求。

解读：装置的附属设备通常包括流量、时间、密度、温度和压力等测量设备，一些测量设备可以利用装置自身进行检定或测试，比如流量指示设备或流量设定设备，一些设备可能需要在实验室条件下进行检定或测试，如密度、温度和压力测量设备，与装置控制系统集成在一起的时间测量设备也需要在现场进行检定或测试。

如果一些测量设备的检定或测试已经在实验室条件下完成，装置检定时则不必重复对其检定或测试，仅需核实其随机文件，如检定证书、校准证书或测试报告，核实其结果是否符合相应技术规范和装置的特定要求。

对于采用测量水温通过查表获得密度的装置，应对密度查表的准确性进行核查，必要时采用标准密度计进行测量验证。

7.3.3　工作量器壁厚检验

用超声测厚仪检测金属量器圆筒体的壁厚，应符合6.3.2中有关壁厚的要求。

解读：本项规定与JJG 259相同。

使用超声测厚仪时应规范操作，测量前应用标准厚度块进行自校，必要时进行多点测量。

7.3.4　密封性检查

解读：密封性检查是装置检定过程中非常重要的环节，是决定装置检定是否成功的关键前提。密封性检查的必要性已在6.7的解读中详细阐述。

7.3.4.1　管道系统密封性

启动控制设备，使流体流经装置各部件并运行5min，用目测方法检查装置各连接处；关闭流量调节阀，使管道系统处于装置最大工作压力下，用目测方法检查装置管道系统各连接处，不应有渗漏现象，其结果应符合本规程6.7.1的要求。

解读：检查管道系统密封性时首先应保证被检对象或模拟被检对象正确在安装在装置上，应将性能良好的密封垫圈安装在各连接端面上。流量运行时应将管道系统中的空气排净。

渗漏容易发生在管道的连接端面和阀门的操作杆处，管道的焊缝也会因腐蚀或应力作用而发生渗漏。

管道系统的渗漏容易发现，但是需要仔细观察。

7.3.4.2　工作量器或称重容器密封性

适用于收集法装置。先关闭主标准器底阀，将工作量器或称重容器充满水。待水位稳定后，记下工作量器水位高度或衡器的读数；10min后再次观测记录工作量器水位高度或衡器示值，两次读数之差不大于主标准器最大允许误差绝对值的1/5，则认为满足本规程6.7.2的要求。

注：在两次读数之间的这段时间内，工作量器内的水温变化不应超过2℃。

解读：工作量器或称重容器的密封性主要发生在排水底阀上，如果有明显的渗漏，通过观察底阀的滴水状态即能够发现。如果渗漏不明显，或者一些装置因结构或安装原因使得底阀渗漏观察困难，可以采用本规程规定的方法，利用示值是否发生变化的方法来判断是否存在渗漏。

除了排水底阀，工作量器的液位管上下连接端，容器的焊缝处也是渗漏发生的可能之处。

需要注意的是，对工作量器进行检查时，水温与环境温度之间的温差应不超过±5℃，否则会因温差大而导致快速传热，水体发生热胀冷缩而容易产生结论误判。

一旦发现容器存在渗漏，应查找到渗漏点，并经修复后方可继续检定。

7.3.4.3　流量时间法装置密封性

若流量时间法的标准流量是由测量段前的活塞系统产生，则应在装置最大流量和最大工作压力下运行装置，满足本规程6.7.3的要求。如果标准流量是由收集法装置和计时器测量得到的，则参照7.3.4.2进行检查。

解读：活塞式装置的密封性检查是一件比较困难的工作，活塞系统的渗漏通常很难通过直接观察来发现。如果装置在最大流量和最大工作压力下运行时没有可觉察的渗漏，需要在对活塞容积检定时予以关注。

7.3.5　装置主标准器示值误差检定

主标准器具备检定证书（且在有效期内）的，其最大允许误差应满足5.1.2的要求；无检定证书的，容积法装置按照7.3.5.1～7.3.5.3进行，其中有液位自动读数设备的装置检定应按照6.8.1进行操作；质量法装置按照7.3.5.4进行。

解读：装置的主标准器包括工作量器、衡器和活塞。工作量器可以按照JJG 259进行单独检定，衡器可以按照JJG 555进行单独检定。主标准器的单独检定必须在装置安装完毕，能正常工作之后进行，一旦检定完成便不再调整。经过单独检定的装置主标准器，应对其对应的检定证书进行核查，确认其在使用的量限内最大允许误差符合本规程5.1.2的要求。对衡器的检定证书进行核查时需要予以特别注意，要综合考虑本规程6.4的各项规定。

7.3.5.1　对于需要重新刻线的工作量器容积示值

解读：新制造的容积法装置使用一段时间之后（通常在一年之内），工作量器会发生一定的应力变形，导致容积发生变化，与原刻线发生偏离，需要调节或重新刻线。使用中的容积法装置因底阀等与容积有密切关联的重大部件发生了维修或更换，也会导致容积与原刻线发生偏离，需要调节或重新刻线。

① 工作量器容积零点

具有容积零点刻度的工作量器，检定时对工作量器进行三次充满水和三次排空水试验，每排空一次，自水断续滴流起停留30s，读取标尺零点刻度，其重复性应不超过其工作量器最大允许误差绝对值的1/3；

对于没有容积零点刻度的工作容器，可按其检定时确定容积零点的方法进行。一般可向工作量器充水到使用段高度，以开阀排水到关阀之间的时间间隔定为容积零点初始条件。

解读：无论工作量器是否有容积零点刻度线，工作量器均存在容积零点，所不同的是有容积零点刻度线的工作量器其零点是可见的，无零点刻线的工作量器其零点是不可见的。

工作量器容积零点的主要影响因素是挂壁残液，有容积零点刻度线的优点是能够观察并度量残液的影响，从而可以采用测量的方法去减小这种影响。规程本条款即是按照这样的一种思路去确定工作量器容积零点所在的位置，通过三次重复测量来确定零点刻度。如果零点刻度的重复性不超过其工作量器最大允许误差绝对值的1/3，表明挂壁残液的影响是在可接受的范围之内；反之，如果超过了1/3，表明容积零点引入的不确定度过大，此时应查找原因。主要的原因有：量器内壁光洁度不够，特征是连接端的焊缝处存在明显的凹凸不平；量器的锥形底部角度过大，导致排水不畅；量器强度不足导致了微变形；安装不平稳，导致工作状态发生变化。

无容积零点刻度线的工作量器无法直接度量零点重复性，需要根据经验去判断，并加以约定。规程本条款规定的方法即是一种人为约定，排水时间应根据底阀滴流状态及随后的总容积标定结果综合加以确定。零点重复性的影响最终与其他因素一起，表现在量器总容积的重复性上。

② 首先测量标准量器中的液温 t_3（℃），并按标准量器规定的操作方法，向工作量器注水至各使用段的主示值容积进行检定。记录各检定点的液位值，并同时测量室温 t_1（℃）和工作量器中的液温 t_2（℃）。

解读：工作量器容积的检定方法与JJG 259的规定一致，是一种量入式的测量方法，即以倒入工作量器的水的体积作为其量值的定义值。将水从标准量器倒入工作量器的过程中，水和环境之间可能存在温度差异，二者之间会发生热交换，导致最终在工作量器中的水温发生变化，因热胀冷缩而发生体积变化，故需要测量标准量器中的液温 t_3（℃）、室温 t_1（℃）和工作量器中的液温 t_2（℃），以便在必要时实行体积修正。

③ 工作量器检定时，如果水温在（20±5)℃以外或水温变化超过2℃，应按照公式（1）计算工作量器20℃时的容积值：

$$V_{20,i}=V_s[1-\alpha_1(t_1-20)-2\alpha_2(t_2-20)+3\alpha_3(t_3-20)+\beta(t_2-t_3)] \quad (1)$$

式中：

V_s——标准量器注入工作量器中水的名义容积值，m^3；

α_1、α_2、α_3——分别为工作量器标尺材料、工作量器材料、标准量器材料的线膨胀系数，1/℃；

β——温度为t_3时液体的体膨胀系数，1/℃。

解读：公式（1）给出了工作量器容积修正公式，与水、量器材料、标尺材料的膨胀系数有关。将容积修正到20℃时的容积值是因为标准量器的标准容积定义为20℃条件下的容积，通过修正以保持量值传递的一致性。水温在（20±5)℃以内或水温变化不超过2℃，水的体积膨胀影响可以忽略不计，可以不按公式（1）进行修正。

④ 每使用段主示值容积检定次数应不少于3次，以实验结果的平均值作为检定结果。

解读：通过重复测量，一方面可以发现是否存在操作失误或者粗大误差，另一方面用于计算工作量器的重复性。如果3次测量的重复性符合本规程5.2的要求，检定3次即可；如果重复性超差，应适当增加次数，一般以4至6次为宜，剔除粗大误差之后再计算重复性。

一些检定经验表明，第一次的检定结果往往会与后续检定之间的结果发生较大的差异，这种差异可能与残液控制和工作量器的稳定性有关，结果可信度要差一些，故第一次的检定数据应优先考虑剔除。

7.3.5.2　工作量器计量颈分度容积

对于需要重新刻线的工作量器还应进行计量颈分度容积检定。视被检工作量器计量颈容量，选择相应容量的标准量器并注水至刻线位置；将检定用水注入被检工作量器至H_a刻线位置，再将标准量器中的水注入工作量器计量颈中，读取被检工作量器液位H_b（H_a至H_b的高度应不小于标尺总长的2/3)，由公式（2）计算得出计量颈的分度容积V_f：

$$V_f=\frac{V_d}{H_b-H_a} \quad (2)$$

式中：

V_f——计量颈分度容积，mL/mm；

V_d——用于计量颈分度的标准量器的容量，mL；

H_a——第一次读取的计量颈液位高度，mm；

H_b——第二次读取的计量颈液位高度，mm。

计量颈分度容积应进行3次测量，取3次平均值作为计量颈分度容积的检定结果。工作量器容积读数分辨力V_r可按公式（3）计算：

$$V_r=V_f\times h_r \quad (3)$$

式中：

V_r——工作量器容积读数分辨力，mL；

h_r——工作量器标尺读数分辨力，mm。

工作量器容积读数分辨力应符合6.3.7的要求。

当量器的示值用容积刻度时，其检定方法可参照本条执行。

解读：工作量器计量颈分度容积的检定方法与JJG 259的规定相同，在检定过程中应注意以下3点：①H_b与H_a的差值尽可能地大，不小于标尺总长的2/3；②三次检定尽可能地完全覆盖整个计量颈；③每次检定尽可能在不同的起点，即 H_a 的值不同。这样做的目的是使检定过程尽可能多地受到随机效应和系统效应的影响，以提高检定结果的可信度。

7.3.5.3　对于已刻线的工作量器容积示值

检定操作与7.3.5.1②相同，主标准器（工作量器）容积相对示值误差计算按公式（4）进行：

$$E_{ij} = \frac{V_{ij} - (V_s)_{ij}}{(V_s)_{ij}} \times 100\% \tag{4}$$

式中：

E_{ij}——第 i 检定点第 j 次检定主标准器（工作量器）的相对示值误差；

V_{ij}——第 i 检定点第 j 次检定工作量器容积的指示值，m^3；

$(V_s)_{ij}$——第 i 检定点第 j 次标准量器容积值，m^3。

如果检定水温在 (20 ± 5)℃以外时，公式（4）中工作量器及标准量器容积值应按公式（5）进行修正：

$$V_t = V_{20}[1 + \alpha(t - 20)] \tag{5}$$

式中：

V_t——在 t℃时量器的容积；

α——量器材料的线膨胀系数，1/℃。

取 n 次测量相对示值误差的平均值作为该检定点主标准器（工作量器）的相对示值误差，如公式（6）所示：

$$E_i = \frac{1}{n}\sum_{j=1}^{n} E_{ij} \tag{6}$$

式中：

E_i——第 i 检定点主标准器（工作量器）的相对示值误差；

n——第 i 检定点的实验次数。

相对示值误差的检定结果应符合5.1.2的要求。

解读：已刻线的工作量器容积示值检定过程与需要重新刻线的工作量器容积示值检定操作过程完全一致，所不同的是结果处理，按公式（4）计算容积示值误差时应，使标准量器和工作量器的容积在相同状态下进行比较。

7.3.5.4　衡器

在衡器使用范围内大致均匀的选择5个检定点，其中应包括衡器使用范围的上限及下限，用标准砝码从衡器使用范围下限开始，按照加载顺序依次对各检定点进行检定，每点检定次数应不少于3次，每个检定点单次测量的相对示值误差按公式（7）计算：

$$E_{ij} = \frac{M_{ij} - (M_s)_{ij}}{(M_s)_{ij}} \times 100\% \tag{7}$$

式中：

M_{ij}——第 i 检定点第 j 次检定的衡器示值，kg；

$(M_s)_{ij}$——第 i 检定点第 j 次标准砝码的质量（折算质量），kg。

取 n 次测量相对示值误差的平均值作为该检定点衡器的相对示值误差，如公式（6）所示，相对示值误差的检定结果应符合5.1.2的要求。

注：在有条件时，衡器检定时应包含称量容器，清零操作包含称量容器；

对于检定时需移除称量容器的，应先加载与称量容器等质量的替代配重，再进行清零操作；

衡器的使用下限一般应不低于衡器满量程的1/3～1/5；

衡器的检定过程可以只检定加载过程，若包括减载过程，每点检定次数应不少于6次。

解读：衡器检定之前，首先应确定衡器使用范围的上限及下限，确定的方法在对本规程 6.4.1 的解读中已有阐述，使用下限一般应不低于衡器满量程的 1/3 ~ 1/5，如果需要扩大下限，需要根据拟确定下限的检定结果及其不确定度来加以确定。

检定时应包含称量容器，以通过清零操作确定称重系统的实际零点。加载了称重容器能够真实反映称重系统的工作稳定性，使检定结果更接近实际工作状态。

在对衡器实施检定的过程中应关注衡器的秤台是否能自由摆动，是否有机械擦碰或受电线、气管等附件的影响。

由于称重系统在实际工作中是加载的过程，故理论上可以只检定加载过程。但是不排除一些称重系统存在某些缺陷，减载时会产生较大的回程差，此时减载检定是必要的，有助于查找称重系统存在缺陷的原因，确定衡器是否适用。

在标准砝码数量允许的条件下，应对衡器进行全量程检定。对于大称量的衡器，如果重复性好，可以用替代法进行检定，但标准砝码至少应达到衡器最大称量的 20%。

在对衡器的加载和减载过程中，应尽可能使载荷均匀分布在衡器的秤台上，砝码（载荷）轻拿轻放，避免对称重系统产生冲击。

在检定过程中如果示值误差超过了最大允许误差，当线性度和重复性均良好时，可以依据衡器的技术说明书进行校正，有些衡器可能需要多次校正才能获得满意结果。校正后应重新进行检定。

7.3.5.5　活塞式装置标准容积

检定方法见本规程附录 A。

7.3.6　主标准器的重复性

对于检定主标准器示值误差的，该检定点的重复性按公式（8）计算，当每个检定点重复 n 次实验时：

$$(E_r)_i=\frac{(E_i)_{max}-(E_i)_{min}}{d_n} \tag{8}$$

式中：

$(E_i)_{max}$、$(E_i)_{min}$——分别为第 i 检定点的最大、最小示值误差；

d_n——极差系数，其值见表 2。

表 2　极差系数表

n	3	4	5	6	7	8	9	10
d_n	1.69	2.06	2.33	2.53	2.70	2.85	2.97	3.08

对于直接标定主标准器示值的，如 7.3.5.1，该检定点的重复性按公式（9）计算：

$$(E_r)_i=\frac{(V_i)_{max}-(V_i)_{min}}{\overline{V_i}\cdot d_n} \tag{9}$$

式中：

$(V_i)_{max}$、$(V_i)_{min}$——分别为第 i 检定点的最大值、最小值；

$\overline{V_i}$——该检定点检定结果的平均值。

主标准器的重复性应满足本规程 5.2 的要求。

解读：为方便计算，本规程采用极差法计算重复性。应计算每一个检定点的重复性，且所有检定点的重复性均应满足本规程 5.2 的规定。

7.3.7　换向器

7.3.7.1　换向器应按台位，在最大流量、常用流量和最小流量下进行检定，取各流量点中不确定度的最大值作为该台位换向器的不确定度，应满足本规程 5.3 的要求。

7.3.7.2　选择下述方法之一进行换向器检定：

① 流量计检定法

按检定流量计的方法测量1次，记录衡器或工作量器读数值 B_{11}、测量时间 t_{11} 和流量计脉冲数 N_{11}；在与 t_{11} 大致相同的时间内操作换向器，使换向器换向 $m(m\geqslant10)$ 次，记录衡器或累积读数值 B_{21}、累积测量时间 t_{21} 和流量计累积脉冲数 N_{21}。完成1次检定。重复进行 $n(n\geqslant10)$ 次检定，记录 B_{1i}、B_{2i}、T_{1i}、T_{2i}、N_{1i} 和 N_{2i}（$i=1, 2, \cdots, n$）。第 i 次时间差 ΔT_i 按公式（10）计算：

$$\Delta T_i = \frac{T_{1i}(N_{1i}/N_{2i} - B_{1i}/B_{2i})}{[(mB_{1i}/B_{2i})(T_{1i}/T_{2i}) - N_{1i}/N_{2i}]} \tag{10}$$

式中：

T_{1i}——第 i 次检定中连续测量的测量时间；

T_{2i}——第 i 次检定中断续测量的测量时间；

N_{1i}——第 i 次检定中连续测量的流量计脉冲数；

N_{2i}——第 i 次检定中断续测量的流量计脉冲数；

B_{1i}——第 i 次检定中连续测量的衡器读数；

B_{2i}——第 i 次检定中断续测量的衡器读数。

平均时间差 ΔT 按公式（11）计算：

$$\Delta T = \frac{1}{n}\sum_{i=1}^{n}\Delta T_i \tag{11}$$

A类相对标准不确定度按公式（12）计算：

$$s_1 = \frac{1}{T_{\min}}\left[\frac{\sum_{i=1}^{n}(\Delta T_i - \Delta T)^2}{n-1}\right]^{1/2} \times 100\% \tag{12}$$

式中：

$T_{\min}$——装置检定水表时的最短测量时间。

B类相对标准不确定度按公式（13）计算：

$$u_1 = \frac{\Delta T}{2T_{\min}} \times 100\% \tag{13}$$

解读：理想的换向器是换向不会带来任何系统的或随机的误差，但在实际中，由于换向器换入和换出的机械运动存在不对称性，每次运动也存在不一致性，以及换向器的出水口（或喷嘴）存在水流分布不均匀性，都会导致换向器的产生系统或随机的误差，从而引入不确定度。通过对换向器的调整，能够修正一部分系统效应的误差，以减小引入的不确定度。

流量计检定换向器法是利用具有高响应度的流量计，通过比较一次换向与多次换向（通常不少于10次）之间的差异来描述换向器性能的方法。这种方法是建立在稳定的流量条件下，理想换向器一次换向与多次换向之间不应存在差异，而如果存在差异，表明换向器具有某种不对称性，这种不对称性换入与换出的时间差 ΔT 来表征。当 $\Delta T=0$ 时，表明换入与换出相对于换向器的水力中点对称；当 $\Delta T\neq0$ 时，表明换入与换出相对于换向器的水力中点不对称。故 ΔT 越小，对称性就越理想。

高响应度的流量计是指流量计的输出随流量变化的跟踪能力强，通常涡轮流量计具备这样的特性。可能预知，流量计法的检定结果与流量计性能密切相关，要求流量计具有良好的测量重复性。

经验表明，闭式换向器由于在换向时会对管道流量产生明显的扰动，不适合用流量计法来检定；某些喷嘴摆动的开式换向器可能与闭式换向器存在类似情况，也不适合用流量计法来检定；喷嘴固定式的开式换向器最适合用流量计法来检定，由于其检定方法与流量计检定过程相似，故检定的结果也比较科学合理。

② 行程差法：

将流量调至换向器检定流量，稳定 10min。操作换向器，使换向器换向 $n(n\geq 10)$ 次，分别将换入和换出时间记作 T_{Ei}和 T_{Oi}（$i=1, 2, \cdots, n$），平均值 T_E、T_O 按照公式（14）、（15）计算：

$$T_E = \frac{\sum_{i=1}^{n} T_{Ei}}{n} \tag{14}$$

$$T_O = \frac{\sum_{i=1}^{n} T_{Oi}}{n} \tag{15}$$

式中：

T_{Ei}——第 i 次换出的时间；

T_{Oi}——第 i 次换出的时间。

A 类相对标准不确定度：

$$s_2 = \frac{1}{T_{\min}}\left[\frac{\sum_{i=1}^{n}(T_{Ei}-T_E)^2}{n-1}\right]^{1/2} \times 100\% \tag{16}$$

$$s_3 = \frac{1}{T_{\min}}\left[\frac{\sum_{i=1}^{n}(T_{Oi}-T_O)^2}{n-1}\right]^{1/2} \times 100\% \tag{17}$$

B 类相对标准不确定度：

$$u_2 = \frac{|T_E - T_O|}{4T_{\min}} \times 100\% \tag{18}$$

解读：流量计法科学合理，但对某些换向器不适用，故可以用行程差法来代替。

行程差法是建立在假设换向器换入与换出的行程中点与水力中点重合的前提下。流量计法通过试验和调整，能够找到近似水力中点，但行程差法却无法实现。因此，行程差法检定的结果即使从数据上看非常理想，实际上不同的换向器之间仍然会存在显著的系统误差。

行程差法检定需要制作一个具有两个可同步移动的挡光片，挡光片的间距略小于换向器行程。

挡光片固定在换向器的移动部件上，随着换入或换出，两个挡光片交替触发同步光电传感器，控制计时器开始计时或停止计时，从而测出换入时间 T_{Ei}和换出时间 T_{Oi}。多次重复测量可以改善换向的随机效应带来的测量不确定度。

7.3.7.3　换向器引入的标准不确定度 u_{Div}按照公式（19）或（20）进行合成：

$$u_{Div} = [u_1^2 + s_1^2]^{\frac{1}{2}} \tag{19}$$

$$u_{Div} = [u_2^2 + s_2^2 + s_3^2]^{\frac{1}{2}} \tag{20}$$

解读：换向器具有随机效应和系统效应，故随机效应引入的不确定度用公式（12）来计算，系统效应引入的不确定度用公式（13）来计算，合成标准不确定度，对于流量计法按公式（19）计算，行程差法按公式（20）计算。

7.3.8　装置流量稳定性检定

7.3.8.1　装置流量稳定性检定应在最大检定管线和最小检定管线的最大流量及最小流量下分别进行。

7.3.8.2　流量稳定性检定按照 JJG 164 中各累积时间之间流量稳定性检定及计算方法进行，应满足本规程 5.4 要求。

注：对无计时器的装置，应在装置上安装响应好、带瞬时流量指示功能的流量计进行实验，按照 JJG 643 中各累积时间内流量稳定性检定及计算方法进行，应满足本规程 5.4 要求。

解读： 装置的流量稳定性预计最差的情况大多出现在装置的极限工作条件下，如最大流量和最小流量，以及最大检定管线和最小检定管线。将上述情况组合而成四种检定状态，用四种状态的结果中最差的结果来表示装置的流量稳定性。

JJG 164 关于流量稳定性有两种不同的检定方法，一是累积时间内流量稳定性检定，二是各累积时间之间流量稳定性检定。本规程针对带换向器的收集法装置采用第二种检定方法，即采用各累积时间之间流量稳定性检定方法。这种检定方法与装置的使用方法相一致，有利于合理反映装置的流量稳定性。

对于启停法装置和无计时器的装置，无法采用各累积时间之间流量稳定性检定方法，则采用累积时间内流量稳定性检定方法进行。

7.4　检定结果的处理

检定合格的装置发给检定证书；检定不合格的装置发给检定结果通知书，并注明不合格项目。格式见附录 B。

解读： 制定本规程的一个重要出发点是水表检定装置是水流量标准中数量庞大而准确度等级水平相对较低的装置，按照本规程进行检定后无须进行装置的不确定度评定，简化数据处理，便于操作。

在使用中检查时，如出现衡器示值误差超差或工作量器密封性检查不合格，应在对其进行维修或更换后，对装置进行重新检定。

解读： 使用中检查是及时发现装置偏离检定状态的重要措施，以持续维护装置良好运行。

7.5　检定周期

装置的检定周期一般不超过 2 年。

对于质量法装置，在每个检定周期内至少对使用的衡器进行 1 次使用中检查，操作方法按照 7.3.5.4；装置在周期检定时应提供使用中检查报告。

附录 A

活塞式装置标准容积检定

A.1　适用范围

适用于流量时间法中用活塞作为主标准器的容积检定，这类装置一般为小口径水表检定装置。

解读： 活塞式装置是一种新近应用于水表检定的装置，通过固定截面积的活塞匀速运动，置换水体，将水以恒定流量排出。

活塞式装置与收集法装置的工作过程正好相反，后者是流过水表的水流入主标准器，而前者是流过主标准器的水流过水表，因此二者的检定方法也有很大差异。

A.2　活塞标准容积检定方法

活塞式装置及其标准容积标定系统组成示意图如图 A.1 所示。

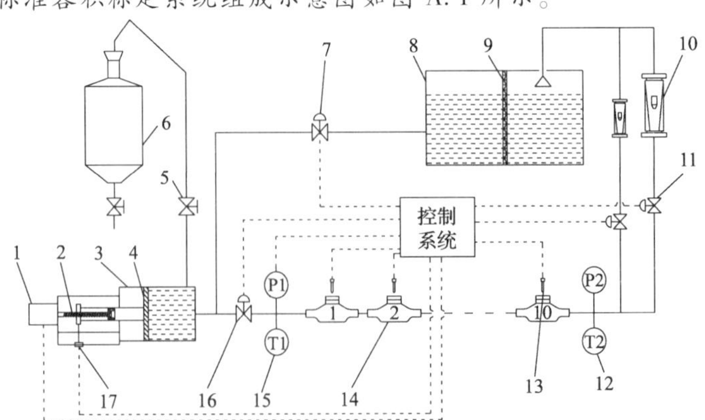

图 A.1　活塞式装置及其标准容积标定系统组成示意图

1—驱动电机；2—滚珠丝杠；3—标准活塞缸；4—活塞；5—标定用阀门；6—量入式二等标准金属量器；7—回水阀；8—储水箱；9—过滤网；10—浮子流量计；11—流量切换阀；12—出口温度、压力传感器；13—水表读数采样或动态图像处理器；14—被检串联水表；15—入口温度、压力传感器；16—出水阀；17—光栅尺。

解读：由图 A.1 可知，活塞是一种规则形状的几何体，通过机械加工，可以得到均匀、精密的体积。

A.2.1 标准容积可采用容积法或称量法校准。活塞系统的体积输出信号可由其位移信号传感器转换得到。

解读：理论上，由于活塞是规则几何体，量值可以直接溯源到长度基准。但是我们从活塞体积的基本公式 $V=S\cdot l$ 可知，体积 V 与活塞有效面积 S 和活塞运动行程 l 有关，活塞有效面积 S 通过几何定值后是一个常量，可以认为是不可变的实物基准量；而活塞运动行程 l 是变量，并且 l 的值是通过光栅等长度测量仪器给出，不具备实物基准量的特征，故活塞的标准容积是一个计算结果，无法直接溯源到长度。考虑到需要连续使用活塞体积，故需要通过其他途径来溯源标准体积。常用的溯源方法是容积法或称量法，即直接溯源到体积量或溯源到质量再间接换算到体积量。

A.2.2 检定容积大致取活塞标准有效容积值的1/3，并接近实际检定水表时所设定的容积值。用容积法检定时，若无专用量入式二等标准金属量器，检定容积应符合 JJG 259 中关于标准量器容积的规格，且一般不应少于 1L。

解读：容积法溯源宜采用二等或一等标准金属量器，质量法溯源所用的平天在检定最小称量时的不确定度应优于 0.025%，同时应配最大允许误差优于 ±0.01% 的水密度计。

活塞标准容积检定宜遵循接近使用状态的原则，且应覆盖活塞的全部行程，故检定容积宜大致取活塞标准有效容积值的1/3，并接近实际检定水表时所设定的容积值。

A.2.3 将装置活塞的标准容积可大致分为三段（如前段、中段、后段，以 $i=1$、2、3 表示），每段每个容积各检定 3 次（以 $j=1$、2、3 表示）。

A.2.4 活塞标准容积检定过程（以使用标准量器进行检定为例）

1）当装置一个行程运行完毕后，操作活塞退回至起始点。将校准口用适当管路连接，并设置一个鹅颈或折弯形顶部，使出水稳定导入量入式二等标准金属量器。

2）调整标准量器水平。

3）在装置操作系统中设置适当的标定流量。

4）每次检定时，操作活塞运行 10s 左右（模拟水表检定前的排气过程）或使活塞处于需检定的部位后，停止装置运行。通过校准口排出一些水，停止后，检查出水口处应无滴流。量入式二等标准金属量器处于零基准状态。

5）设定标定容积 $(V_o)_{ij}$ 和流量，启动电机系统运行活塞，将活塞系统腔内的水导入标准量器内，读出液位并计算出标准量器容积示值 $(V_s)_{ij}$，同时监测水温 t_{ij} 处于稳定状态（温度变化应小于 0.5℃）。

6）重复 4）、5）步骤，得到各段三次的容积值。

解读：活塞标准容积的检定过程与标准金属量器的检定过程基本一致。在检定过程中需要对水温进行测量。需要注意的是，标准金属量器给出的是 20℃ 时的容积值，当检定水温偏离 (20±5)℃ 时，应将活塞容积修正到 20℃ 时的值，实际使用时还应修正到使用温度下的容积。

如果采用质量法溯源，还应注意浮力修正和密度修正。

A.2.5 活塞每段容积的示值误差计算如公式（A.1）所示：

$$E_{ij}=\frac{(V_o)_{ij}-(V_s)_{ij}}{(V_s)_{ij}}\times 100\% \tag{A.1}$$

式中：

E_{ij}——第 i 容积段、第 j 次检定的相对示值误差。

检定结果应符合本规程 5.1.2 的要求。

解读：容积检定应采用多次重复测量，以提高测量结果的可信程度。

A.2.6　重复性计算参照本规程 7.3.6，检定结果应符合本规程 5.2 要求。

参考文献

[1] 全国工业过程测量和控制标准化技术委员会．封闭管道中流体流量的测量　术语和符号：GB/T 17611—1998［S］．北京：中国标准出版社，1998：7.

[2] 全国法制计量管理计量技术委员会．通用计量术语及定义：JJF 1001—2011［S］．北京：中国质检出版社，2012：3.

[3] 王池，王自和，张宝珠等．流量测量技术全书［M］．北京：化学工业出版社，2012：570.

[4] 杨有涛，徐英，王子钢．气体流量计［M］．北京：中国计量出版社，2007：66－80.

[5] 油气计量及分析方法专业标准化技术委员会．用旋进旋涡流量计测量天然气流量：SY/T 6685—2006［S］．北京：石油工业出版社，2006：7.

[6] 李德桃．动力机械工作过程及其测试技术研究［M］．镇江：江苏大学出版社，2008：522－530.